鯨鯢（けいげい）の鰓（あぎと）にかく

商業捕鯨 再起への航跡

山川徹

小学館

けいげいのあぎとにかく

【鯨鯢の鰓にかく】鯨鯢とは雄鯨と雌鯨、あぎとはアゴ、エラのこと。鯨に飲まれそうになったけれども、アゴに引っかかって助かった――そんな絶体絶命の状況や、そこに命をかける人々を表わす。

はじめに

幾度、問われただろうか。

「いまさら、なんで捕鯨なんて取材しているのか？」

編集者や同業者、友人、家族、飲み屋で偶然知り合った人……。みなこう思っていたに違いない。すでに終わった産業である捕鯨など、取材する意味があるのか。やるべきテーマはほかにもあるだろう。ややこしい捕鯨論争に首を突っ込んで何になるのか。

いまなら私はこう切り返す。

取材を続ける理由は、二つの出会いがあって――と。

そもそも私が捕鯨の取材をはじめたのは、二〇〇六年頃だった。だが、しばらくの間、なぜ捕鯨なのか、という問いに対して明確な解を見い出せなかった。

二七歳の駆け出しのライターだった私は、編集者からの依頼で、昭和の商業捕鯨を経験した年老いた元捕鯨船員にインタビューする機会に恵まれた。

クジラを探す。捕る。さばく。

彼らが振り返った捕鯨という仕事のプロセスは、ほとんど……いや、まったく理解できなかった。想像力が及ばないのも無理はない。当時、私の鯨類との接点といえば、水族館でイルカを見たことぐらいだった。イルカも「鯨類」であると知ったのは、本格的な取材をスタートしたあとのことである。

地球上でもっとも大きい野生動物をどう探し、捕獲し、食肉に加工するのか。

大砲から撃ち出した銛（もり）で仕留める。長刀（なぎなた）のような包丁で切る。

いくら聞いても像が結ばない。道具の扱い方がまったく思い浮かばない。取材者として、想像できないのなら、実際に見るしかないと思ったのが、捕鯨というテーマを選んだ最初のきっかけだった。

さらにいえば、当時の私には、著書がなかった。ライターにとって著作は名刺代わりといわれる。フリーランスにとって、自著は存在意義を証明できる数少ないツールである。

その頃、捕鯨にかんする論争を扱う書籍は刊行されていたが、現場を描いたルポやノンフィクションはほとんどなかった。空白地帯である捕鯨船ルポを書けば、はじめての著作をものにできるかもしれない。

だが、それらは結局、興味本位と打算に過ぎなかった。だから、取材の動機を問う相手が納得できる答えを用意できなかったのだ。

ひとつ目の出会いは、二〇〇七年夏。水産庁の担当者と交渉し、北西太平洋を航海する日新（にっしん）

丸調査船団に四五日間にわたって乗船する許可をえた。そこで出会ったのが、捕鯨にたずさわる同世代の若者たちだった。

当時、日本は六月から八月の約三カ月は北西太平洋で、一二月から三月の四カ月は南極海で調査捕鯨を行っていた。ちょうど反捕鯨団体「シーシェパード」が、南極海での抗議活動をはじめたタイミングでもあった。

なぜ、捕鯨は物議を醸すのか。なぜ、乗組員たちが命の危険を感じるほどの抗議を受けなければならないのか。そもそもなぜ、反捕鯨の立場の人たちは、クジラを捕ってはいけないと主張するのか……。乗船により、様々な疑問に直面した。

はじめて目の当たりにしたクジラは、そうした理屈を越えた衝撃を私にもたらした。体長一五メートル、体重三〇トンを超す巨大な野生動物が海を泳ぐ神秘的で勇壮な姿に、圧倒された。

そんな圧倒的な存在感を放つ野生動物を、同世代の青年たちが、社会から隔絶された船の上で、探し、追い、捕らえ、調査した上で、解体して、食肉に加工していた。

二〇代から三〇代前半の彼らは、銛を撃ち出す大砲や、長刀のような包丁を身体の一部のように扱ってクジラと向き合っていた。私が想像すらできなかった道具を、である。

一九七七年生まれの私は超就職氷河期世代である。しかも地方私大卒だ。

友人の多くが希望の職に就けず、働く意義を見い出せずにいた。正社員になれた友人はまだよかった。非正規として職場を転々とせざるをえなかった仲間も少なくなかった。

私自身も就職はムリだろうと見切りをつけ、大学の夜間部に入り直してフリーランスという不安定な道を歩みはじめた。

だからだろう。捕鯨という仕事に情熱と誇りを持つ船乗りたちが特別に見えた。やがて彼らに対して敬意や憧れに近い感情が芽生えた。そして翌二〇〇八年夏にも日新丸調査船団に乗船した。二年間で、一二二日も彼らとともに過ごしたのである。

すると、どうしても南極海の捕鯨を取材したくなった。

私にとって初の著書の登場人物になるであろう、若いクジラ捕りたちの情熱にふさわしい舞台は、南極海以外に考えられなかった。

ただ南極海では、シーシェパードが活発に妨害活動を行っていた。不測の事態がいつ発生するかわからない。関係者と交渉を続けたが、取材は暗礁(あんしょう)に乗り上げた。

二〇一〇年、編集者の依頼に応じ、調査捕鯨の歴史や、北西太平洋の調査内容、古式捕鯨発祥の地である和歌山県太地町(たいじちょう)の歴史を中心にまとめた『捕るか護るか? クジラの問題』と題した書籍を上梓した。私にとってはじめての書き下ろしの著作となった。

うれしくないわけがない。けれど、手放しでは喜べなかった。捕鯨にたずさわる青年たちの姿や思いに触れるのを意図的に避けたからだ。

彼らを描くのなら南極海をこの目で見てから、と頑(かたく)なに決めていたのである。

南極海へ。気持ちをより強くした矢先に発生したのが、東日本大震災だった。仙台で大学時代を過ごした私にとって、被災したのは知人や友人であり、なじみ深い町だった。

東北へと通う頻度と反比例するように、南極海が遠退(とおの)いていった。同世代の船員たちを描かないままでいることは、いつまでも手をつけていない宿題のように私のなかで燻り続けていた。

現場から離れた私と捕鯨とをつなぎ止めてくれたのが、二つ目の出会いである。

鯨類学の泰斗・大隅清治。

大隅は鯨類の生態を知悉するだけでなく、クジラにまつわる食文化や捕鯨の歴史、日本人とクジラの民俗学的なかかわりを熟知し、果てはクジラをモチーフにしたグッズの蒐集まで行った。クジラについてあまねく精通しており、「クジラ博士」の愛称で親しまれた人物だ。

私が大隅と知り合ったのは二〇〇六年だった。新宿のクジラ料理店で開かれた「クジラ食文化を守る会」に、取材の一環で足を運んだ。

立食パーティで隣に立つ高齢男性がいた。数々のクジラ料理を口に運び、目を細める。その鷹揚な表情に見覚えがあった。

クジラ博士だ、と気づき、緊張した。

私は、自己紹介し、調査捕鯨に同行取材したいこと、そして数日後に宮城県石巻市の捕鯨基地・鮎川を訪れることを伝えた。

鯨類学の権威は、どこの馬の骨とも知れぬフリーライターにも自然体で気さくだった。

「実は、私も若い頃は、鮎川で暮らしていたんですよ。今日は鮎川の捕鯨関係の人も来ているのでご紹介しましょう」

偉ぶることもなく、私が足を運んだマタギ集落や、新潟県中越地震などの話に、興味深そうに耳を傾けてくれた。

私は、活発化する反捕鯨団体からの妨害活動について聞いてみた。

「宗教や文化からくる価値観の違いは、お互いに理解し合えないこともある。それは仕方がありません。ただし、科学は、価値観の違いを乗り越えられる世界の共通言語でしょう。私は農学部水産学科出身だから、クジラという動物は、人間が利用する生物資源と捉えてきました。でも最近は、クジラを利口な動物だ、かわいい動物だと感情的に捉える人が増えてきました。いまは科学という共通言語が通用しなくなっているんですよ」

異なる文化や考えを持つ人たちと、どのように対話していくのか。

大隅の憂いに、捕鯨問題という枠組みを越えた普遍的な問いがふくまれていると感じた。彼の考え方、研究者としての生き方に触れれば、取材者としての新たな視座をえられるのではないかと直感したのである。

以来、事あるごとに大隅の見解や考えを知りたくて会いに行った。

乗船取材の前後、『捕るか護るか？ クジラの問題』の取材、東日本大震災後の鮎川の行く末について……。とくに大隅が『望星』という月刊誌で〈クジラと日本文化の話〉を連載した二〇一六年から二〇一七年は、私が連載原稿の整理や構成を担当した。いつしかインタビューや打ち合わせのあとに酒を飲みに行くのが恒例になっていた。

クジラ博士の個人授業により、私はクジラにかんする知見を積み重ねていったのである。

二〇一八年末、日本は南極海での調査捕鯨をやめて、二〇一九年七月から三二年ぶりに二〇〇海里内（排他的経済水域、ＥＥＺ）での商業捕鯨を再開した。

若き日に計画した南極海に情熱をかける青年たちの取材は、事実上、不可能になった。私はすでに四〇歳を過ぎていた。ずいぶん前に青春は終わっていたはずだ。

しかしなぜか、南極海撤退を知った瞬間、青春の終わりを唐突に告げられた気がした。南極海と青年という置き去りにしたテーマとは別の形で捕鯨に向き合えないか。南極海撤退の余波が、私のなかに眠っていた青春のやり残しを揺さぶったのかもしれなかった。

大隅の半生を通じて、複雑な航跡をたどる捕鯨の歩みを記録したい。そう大隅に相談したのは二〇一九年夏のことである。涼しくなる秋から取りかかろうと約束を交わした。その三カ月後、私は大隅の訃報に接する。

私の脳裏には、大隅との数々の思い出が止めどなくよみがえった。

出会った日に、「科学という共通言語が通用しなくなっているんです」と嘆いた姿。

商業捕鯨再開を受け、「再開はよかったのですが、南極海からの撤退は実に惜しい」と語った複雑な表情。

「クジラと一括りにいっても八十数種類いることがわかっています。なかには資源量が回復している種も、減ったままの種もいます。また同じ種類でも生息する海域によって、生態やエサが違う。種や海域によって、捕鯨を継続するか、保護していくか慎重に考えていかなければならないのです」

捕るか、護るか。

二者択一になりがちなクジラをめぐる議論のなかで、種類や海域ごとに個別に検討する必要性を示してくれた。先入観や固定概念を排し、ひとつひとつの事象や出来事を丁寧に検証していく……。捕鯨という専門分野を越えた大隅の研究者としての姿勢は、いつしか取材者として、私の大切な指標となっていた。


もう一度、捕鯨船に乗ろう。

二〇二二年九月中旬、私は三度目の航海に出た。

大隅が夢見た商業捕鯨の現場に立てば、彼が語り続けた捕鯨の意義をより理解できるのではないか。

一四年ぶりの航海は、同世代の船員たちとの再会の機会でもあった。かつて私が描こうとした、南極海でクジラを捕っていた若手船員が、年齢と経験を重ねて現場の中核をになっていたのだ。また、大隅が「科学という共通言語が通じない」と嘆き、南極海にこだわった意味を考える時間でもあった。

そして、三度目の航海が、かつて答えられなかった問いの解答を見い出す旅になったのだ。

目次

第二章 論争の航跡 111

令和の母船式商業捕鯨の捕獲海域と鯨種

・日本の捕鯨は昭和の商業捕鯨、ほぼ平成期と重なる調査捕鯨（1987〜2018年）を経て、令和に再び商業捕鯨に移行した
・著者は調査捕鯨時代の2007年、08年に北西太平洋の調査捕鯨、22年に日本の200海里内（排他的経済水域＝EEZ）で操業する商業捕鯨に同行取材した

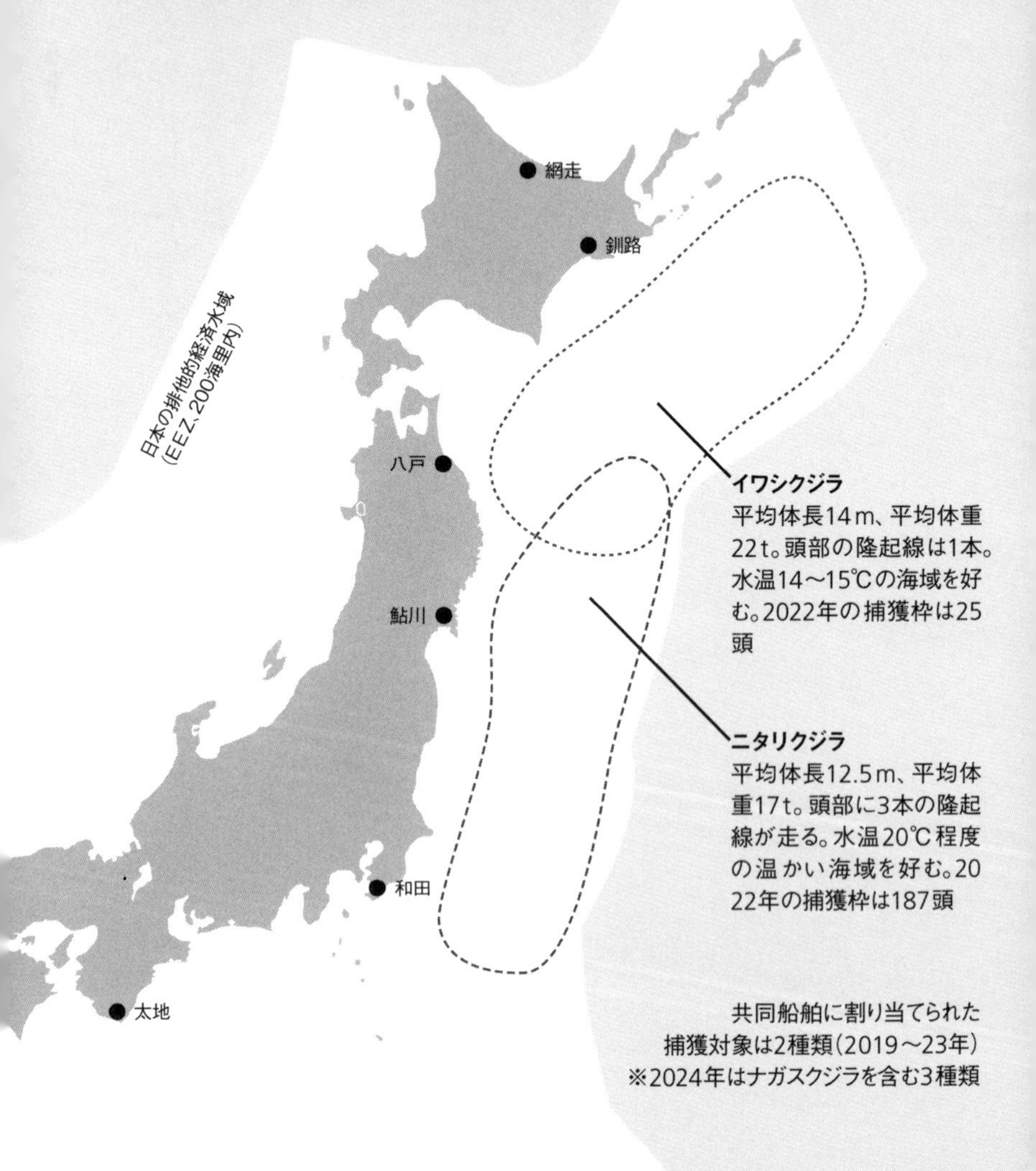

母船式捕鯨を行う共同船舶の「船団」

・捕鯨には、母船とキャッチャーボートで船団を組んで沖合に出る「母船式捕鯨」と、拠点港付近で操業する「基地式捕鯨」がある
・現在、母船式捕鯨を行うのは共同船舶１社のみ。世界でも唯一となった
・共同船舶の母船式捕鯨船団は、令和の商業捕鯨では日本の200海里内で操業するが、昭和の商業捕鯨と調査捕鯨時代は南極海、北西太平洋で操業した

捕鯨母船・日新丸（全長約130m）
・キャッチャーボートが捕獲したクジラを母船で解剖し、鯨肉の加工・保存を行う
・解剖から鯨肉の生産をになう製造部、船内を整備する機関部、陸上との連絡を行う無線部、船員の食事を支える司厨部など約100人の乗組員が乗船する
・日新丸は2023年で最後の航海を終え、2024年から新捕鯨母船・関鯨丸が出港する

キャッチャーボート・第三勇新丸（全長約20m）
・クジラを探し、追尾し、捕鯨砲で仕留めるまでの捕獲を一手にになう
・クジラを探す甲板部員、捕鯨の花形である砲手など約20人が乗船する

第一章 クジラ捕りの肖像

一　写真を撮る鯨探士

二五〇のシーン

深い藍色をした海中をクジラが、滑るように進んでいく。海面に浮かび上がる鯨影がエメラルドグリーンに縁取られているように見えた。次の一瞬、真っ黒な背を出して音を立てながら真っ白なブロー（噴気）を噴き上げたかと思うと、ゆったりとしたなめらかな動きで海中に潜る。鯨体を傾けると白い腹部に陽光が反射し、銀色に輝いた。飛行船のような流線型の鯨体と、ムダのない調和がとれた動きに目を奪われ、息をのんだ――。

一枚の写真が、クジラとはじめて遭遇した記憶をよみがえらせた。真っ青な凪いだ海を泳ぐクジラが、シルバーに発光しているように見えるカットだった。鮮やかな青藍の海や澄んだ天色の空。風が運んできた潮の香り……。色彩や匂いをともなって、クジラの神々しいほどの存在感がありありと思い出された。

また別の一枚は、波間に黒々とした背を見せたクジラがブローを豪快に噴き上げた瞬間を捉えている。マウスをクリックするたびにパソコンの液晶画面一杯に表示される写真は、二五〇枚に及んでいた。やがて画像は、海を泳ぐクジラから捕鯨のシーンに移る。

海を泳ぐイワシクジラの一枚（撮影：津田憲二）

「メガネ」と呼ばれる取っ手付きの双眼鏡をかまえて、身を乗り出すようにして海原に目をこらす船員たち。捕鯨砲のトリガーを握り、クジラの浮上を待つ砲手の背中。クジラをさばく包丁を持つ手を止めて、レンズに向けたはにかんだ笑顔。食堂で一升瓶を囲んで酒を酌み交わす男たち……。船という閉ざされた空間で行われる仕事の手順や、日常を切り取った一葉一葉に釘付けになった。

捕鯨というと賛否ばかりが語られがちだ。しかし、写真には物々しさは一切ない。伝わるのは、被写体への温かな眼差しだ。

撮影者と被写体の仲間意識とともに、仕事に向き合う真摯な姿勢と、仕事に抱く誇らしさが、二五〇〇のシーンに投写されているように見えたのである。

撮影者の名を津田憲二という。

彼はプロのカメラマンではない。

二六年もクジラを追ってきた捕鯨船員のひとりである。

はじめて会ったのは、二〇〇八年の二度目の航海。津田は二九歳だった。

当時の取材日誌を見返すと〈船乗りというよりも、接客業に向いていそうな物腰の柔らかい、すらっとした長身の青年〉と記していた。丁寧な物言いが他者への気遣いと生真面目さを感じさせた。それはいまも変わらない。

津田は自らの職場や同僚にレンズを向けた経緯をこう語った。

「もともと趣味で風景や動物の写真を撮っていました。ふつうは仕事中にカメラを持って職場を撮影するなんて許されないでしょう。若い頃なんて、とくに。だから自分たちの仕事を――捕鯨を撮ろうとは思ってもいなかったんです」

クジラの気持ちを考える

津田が捕鯨の写真を撮ろうと考えた理由のひとつは、二〇〇七年の反捕鯨団体「シーシェパード」の活動だった。

彼らは南極海を航海する捕鯨船団への妨害行為を激化させたのである。日本のメディアでも盛んに取り上げられた。矢面（やおもて）に立たされたのが津田ら船員たちだ。

「ぼくらは国際的に決められたルールを守って調査捕鯨を続けてきた。でも反発され、命の危険を感じるほどの妨害行為にさらされた。ぼくらの仕事の正当性を、受け継いできたクジラを捕るという専門的な技術を、たくさんの人に知ってほしいと考えました。日本の捕鯨はいつ終わってもおかしくないと思っていた人も多かったはずです。だから捕鯨を記録する使命感みたいなものがあったのかもしれませんね」

津田が指摘したように、捕鯨は、専門的な技術が幾重にも積み重なって成立する。

津田たちがたずさわる母船式捕鯨のプロセスは大きく次の三つに分けられる。

探す。捕る。さばく。

海原にクジラを探す作業を「探鯨（たんげい）」と呼ぶ。ソナーやドローンなどを用いて探していると思う人も多いだろう。しかし、いまも昔もクジラを見つけ出すのは、人の目だ。

「オレたちがクジラを見つけなければ、仕事がはじめられない」

私がはじめて捕鯨船に乗った十数年前、津田たち二〇代から三〇代前半の若い甲板（こうはん）部員たちはそう口をそろえた。

一般的な船の甲板部員は、運航の管理をになう航海士の指示を受け、航海の当直をしたり、荷役を担当したり、船の保守点検、掃除を行ったりする。捕鯨船の甲板部員にはそれ以外に、大切な役割が課せられる。それが探鯨だ。

「甲板部員の値打ちは探鯨で決まる」

捕鯨の現場では、昔からそう言われてきた。

いかにクジラを見つけるか。それが甲板部員の存在意義といってもいい。

捕鯨という仕事のはじまりが、探鯨なのである。

私はこれまでのべ約一〇〇人以上の捕鯨船員に話を聞いた。キャリアの差こそあれ、みな専門的な技術を持ち、捕鯨船ならではの役割をになう船員たちである。

なかでも津田は、印象に残る船員だった。

捕鯨を撮影しているから、という理由ではない。

「クジラの気持ちを考えながら探すようにしているんです」

記憶に刻まれたのは、出会ったばかりの津田の言葉である。

捕鯨はクジラという動物を殺生(せっしょう)する仕事だ。だが、彼の口ぶりにクジラへの敬愛がにじむように感じたのだ。

「これは、ぼくの勝手な想像なんですけどね。海が荒れていれば、クジラも一生懸命に泳ぐから人間と一緒で息も荒くなる。そんなときはブローを噴く回数も多くなるかもしれない。エサを探すときは、興奮しているからふだんとは違った動きをするんじゃないか。群れで一緒に泳いでいても一頭だけ足並みをそろえられないヤツがいるんじゃないか。天気や海況、クジラの状況なんかを考えながら探すようにしているんです」

二九歳の甲板部員だった彼は探鯨にとりわけ情熱を傾けているように思えた。

何よりも取材者として津田に惹かれたのは、探鯨の難しさを知り、彼の誠実で粘り強い仕事ぶりを間近で目にした経験が大きかった。

メガネを振る、クジラを見る

二〇〇八年七月四日午前七時。

探鯨を行う甲板部員（撮影：津田憲二）

この日、津田や私をふくめた二一人が乗り込んだキャッチャーボート・第二勇新丸は青森市から約二四〇〇キロ東の海域にいた。キャッチャーボートとは、クジラを探し、追い、捕獲するための船である。

北緯四〇度五九分。東経一五九度五八分。気温一四・一度。北西太平洋の夏は肌寒い。

厚手のウィンドブレーカーを着込んだ甲板部員が、第二勇新丸の高さ一八メートルのトップマストや、ブリッジの上に設置されている吹きさらしのアッパーブリッジなどそれぞれの持ち場に着く。

「今日も一日がんばりましょう」

キャプテンの佐々木安昭の低い声を合図に、第二勇新丸は北東に舵をとった。

水平線がぼんやりと煙っているが、晴天でクジラも見つけやすそうな海況に見えた。しかし一向に「発見」がない。現場では探鯨の成否について、「発見があった」「発見がない」という言い方をする。

　クジラは海に様々な痕跡を残す。

　クジラの噴気である「ブロー」。鯨体を直接見せる「ボディ」。クジラの影で海面の色が変化する「イロ」。クジラが尾びれを動かすと海面にできるうず状の波紋「リング」。クジラが飛び上がった際の水しぶき「スプラッシュ」。甲板員は海のわずかな変化も見逃さぬように、一日中、にらむようにして海を見続ける。

　ブリッジのチャートテーブルに広げた海図に何かを書き込みながら、一等航海士が言う。

「クジラを見つけなくちゃ仕事がはじまらないんです。今日は厳しいかもしれませんね。山奥に人がいないように、いない海域にはクジラは本当にいませんから。長い一日になりそうです」

　危惧が現実になった。調査スタートから三時間が過ぎたが、発見の気配がない。その間、甲板部員たちはみな茫洋と広がる海原を見つめ続けている。

　やがて海面に白い靄のようなガスが漂いはじめた。視界が悪くなり、水平線がぼやけて空との境が曖昧になる。

　このとき、津田は、持ち場である高さ一八メートルのトップマストから、約一二キロ先の水平線を見つめていた。誰よりも早く見つけるために、できるだけ遠くのクジラを探すよう心がけていたからだ。

　しかし、水平線がかすんできた。遠方のブローを見つけるのは厳しいかもしれない。ブローが上がったとしてもガスにとけ込んでしまうからだ。

津田は、水平線から手前の海域に視線を移そうとメガネを〝振った〟。新人時代の航海でベテランに教えられたテクニックだった。

高校を卒業したばかりの津田は、クジラをよく発見するベテランに素朴な質問をした。

「どうしたら見られるんですか？」

「メガネを振れば見られるよ」

ベテランは事もなげに答えた。

船員たちは、クジラの発見を「見る」と言う。また「メガネを振る」とは、首や腰など上半身全体をひねるようにして広い範囲に見わたす方法だ。

「はぁ」と、津田の口から半信半疑の声が漏れた。

本当に見えるのか。試しにメガネを振ってみた。すると、以前よりもよく見える気がした。

海は広い。一点だけを見つめていても、そこにクジラがいる可能性は低い。だとしたら、海を広く見わたした方が発見の可能性が高くなる。海を視界に大きく捉える。それがメガネを振るメリットだ。もちろん狭い範囲を見るよりも集中力が必要となる。

経験を積んでいくと津田は、その日の気象状況、光の方向、風力や風向き、うねりの高さ、探すクジラの種類などに応じて、メガネを振るスピードや角度を調整するようになる。

メガネを振った津田は、海面に潮目を見つけた。ふたつの潮流がぶつかり、泡立っていたり、色が違って見えたりするポイントが潮目である。潮目にはプランクトンが発生する。それをエサにする魚が集まる。さらにその魚をクジラが狙いにくる可能性もある。

視界が悪い水平線をあきらめた津田は、潮目に沿ってメガネを走らせた。

瞬間、ミンククジラの黒い背中がちらりと見えた。

発見のたび、心臓をドキッと鷲摑みにされるような独特の興奮におそわれる。津田が探鯨に情熱を傾ける原動力が、何にも代え難いこの瞬間の感覚だ。

調査開始から六時間が過ぎた一三時過ぎ。発見ブザーが鳴った。

「左五〇度。ボディ。距離は、コンマの四（〇・四マイル）！」

発見したクジラの距離と角度を瞬時に伝える津田の声を、私は第二勇新丸のブリッジで確かに聞いたのである。

この日の調査が終わったあと、津田の発見や探鯨について、第二勇新丸のキャプテンだった佐々木に聞いた。

「今日もあれだけがんばって、一頭しか捕獲できなかった。でも見方を変えれば、がんばったから一頭捕れたともいえます。もしかしたら、このあたりにはクジラはいないのかもしれません。しかし、そうじゃないんです。ここにいるかもしれない、という気持ちであきらめずに探し続ける。そうした気持ち――捕鯨魂を、津田ら若い連中に伝えていきたいなと考えているんです。今日も津田が一生懸命に見たクジラを、みんなで追って捕獲できた。捕鯨船の乗組員にはひとりひとりに役割が与えられる。みんなが与えられた役割を果たすから、あれだけ大きなクジラが捕れる。そこが捕鯨の魅力だと思うんです」

真っ黒に日焼けした顔に、スポーツキャップからはみ出た白髪。広い肩幅、分厚い唇、野太い声……。いかにもベテランの船乗りらしい佐々木は、一九五四年に長崎県の五島(ごとう)列島で生まれた。曽祖父も祖父も父も捕鯨船員だったという。

「いまの若い連中を見ていると自分が若かった時代を思い出すんですよ。若い連中は、クジラの〝ク〟の字も知らないで、船に乗ってくる。若い連中が入ってきたばかりの頃は怒りながら、早く一人前になってほしくて技術を教えました。そりゃ技術はとても重要です。船の仕事ではちょっとしたミスが命取りになったり、大ケガにつながったりしますから。ただ捕鯨は南極海の厳しい自然のなかでやる仕事でしょう。根気なんですよ、根気。私も先輩によく言われました。探鯨は、視力じゃない気力だ、と。私が定年で船を降りるまでになんとかしないといけないと思っていました。でも、若い連中はどんどん伸びていく。頼もしくなってきました」

〝捕鯨魂〟〝視力ではなく、気力〟——。

佐々木が次世代の捕鯨を支えていくであろう若者たちに伝えたかったクジラと対峙する上で不可欠な心構えを、津田の探鯨が体現したように思えたのだ。

心臓を鷲掴みにされる

探鯨がいかに難しく労力を要する仕事か。

「キャッチャー（ボート）の仕事で一番難しいのが、探鯨なんじゃないですかね」

現在、砲手として活躍する平井智也(ともや)が、見習い砲手だった頃に、苦笑いを交えてこんな話をしてくれたのを覚えている。

砲手は捕鯨の花形で、敬意と親しみを込めて〝てっぽうさん〟と呼ばれる。人柄と仕事ぶりを認められた者だけが砲台に立つ資格をえられる。てっぽうさんとなった平井でも、当初は探鯨に手こずったと振り返る。

「最初の頃なんて、どれがリングで、どれが波なのか見分けがつかない。経験がないから『あれ、ブローかな？』と思っても自信を持って報告できないんです。それに一日中メガネを持って、集中力を維持してクジラを探さなければなりません。集中力が切れるとメガネを持ちながら寝てしまって。何度怒られたか……」

調査時代の航海で、私もなんとかクジラを見つけようと見よう見まねでメガネをのぞき込んだ。当然、一頭も発見できなかった。

甲板部員が発見するたびに、彼らの技術や集中力、粘り強さに驚かされたものだった。津田は、いまや船員みなが探鯨のスペシャリストとして一目置く存在になっている。さらに捕鯨を記録しなければ、という使命感を持つ。

そんな彼も、捕鯨という仕事に出合った経緯を話すと決まってこう口を開くのである。

「はっきりいって捕鯨というものに興味もなかったし、捕鯨問題についてもまったく理解していなかった」

あれだけ大きなクジラをどうやって捕るんだろう……。捕鯨という仕事を選んだ動機は、釣り好きな彼らしい純粋な好奇心だった。

一九七九年、京都府舞鶴市に生まれた津田は、海上自衛官だった父の転勤にともなって、千葉県松戸市や神奈川県川崎市などで幼少期から少年時代を過ごす。

物心つく頃から父に連れられ、海や川で釣りをした。幼稚園の卒園アルバムには、将来の夢の欄に〈船長さんになりたい〉と記すほどだった。小学生になるとヒマさえあれば、ひとりで海に行き釣りに明け暮れた。

中学卒業を機に舞鶴に戻ることが決まった。彼は、小型船舶の免許を取れるかも、と地元の水産高校に入学する。小型船舶を操れれば、釣りの幅が一気に広がるからだ。

在学中に実習船に乗ると同級生のほとんどが船酔いに苦しめられるなか、日常と変わらずに過ごせたのは津田をふくめ二、三人だった。そのせいだろうか、三十数人の同級生のなかで船乗りという生き方を選んだのは津田を含めて三人だけ。

津田は、教師に勧められるままに共同船舶株式会社に入社する。船乗り以外の仕事を選んだら一生懸命に教えてくれた教師に申し訳ない気がしたという。

共同船舶は、一九八七年に日本が調査捕鯨へと移行した際に誕生した企業である。前身は、それまで南極海での商業捕鯨に従事した日本共同捕鯨。水産庁から委託を受けた日本鯨類研究所が主導する調査捕鯨の現場をになったのが、共同船舶の船と乗組員たちだった。一九九八年に入社した津田の同期は約四〇人。そのうち、いまも在籍するのは四人に過ぎない。二〇二四年現在、捕鯨母船・関鯨丸と三隻のキャッチャーボートを有し、二八人の陸上スタッフ、一五〇人の海上スタッフを抱える捕鯨会社である。

クジラは絶滅しかけているから捕ってはいけない。捕鯨船に乗るまでは、津田も世間一般のイメージを疑いもなく受け入れていた。調査というのだから、クジラの体重や体長を測る仕事かな、と漠然と考えていた。

だが、彼は自分が思う以上に、捕鯨という仕事に魅せられる。

一九九八年夏、はじめて従事した北西太平洋の調査で、キャッチャーボート・第二五利丸(としまる)に乗船した津田は、新人ながら二頭のミンククジラを発見する。

クジラはブローやボディなどいくつもの痕跡を海に残すが、一年を通じて一頭も発見できない新人も少なくない。そんななか、三カ月ほどの航海で二頭を発見したのは新人としては突出した成績だった。

津田は二頭のクジラを発見した瞬間、「ドキッと心臓を鷲摑みにされる」はじめての感覚を味わった。陸では経験がない興奮が探鯨を追求する原体験となる。

キャッチャーボートは約二〇人の狭い世界だ。少人数ゆえに、ひとりひとりの仕事や発見が大きな価値を持つ。

発見のたびに船長やボースン(甲板長)に、「よくやった」「いい仕事をした」と褒められた。津田にはそれがうれしかった。仲間の役に立った。自分の仕事を果たせた。クジラを発見できた日は、疲労のなかに確かな充実感があった。

憧れの南極海

凍りついた船体が南極海の過酷さを物語る(撮影:津田憲二、提供:日本鯨類研究所)

二頭を発見した初航海以来、津田は調査捕鯨のスケジュールに従って、毎年冬の四カ月から五カ月間を南極海で、六月から八月の三カ月間を北西太平洋で過ごしてきた。彼は南極海での航海がとりわけ好きだった。

「南極海への思い入れは強かったですね。それだけきつい仕事でもあったんですけど」

クジラを探し、捕獲する。その仕事は、北西太平洋でも南極海でも変わらない。

しかし南極海は過酷だった。調査捕鯨が行われたのは、一二月から三月まで。年や海域によっても異なるが、この時期の南極は夏であっても平均気温はマイナス一度からマイナス七度ほど。三月になると最低気温がマイナス二〇度近くまで下がる日もある。

氷の世界である。雪やあられが降れば、

強風に煽られて小石をぶつけられたような痛みにおそわれる。刺すような寒風を顔に受け、凍傷で真っ黒になる船員もいる。

南極海の厳しさは津田の写真からもよくわかった。

時化の日には、盛り上がるような黒い波が、キャッチャーボートの船首にぶつかって砕け、ミスト状のしぶきが舞う。船を濡らす海水は瞬く間に氷結する。デッキや舷は雪が積もったかと思うほどの分厚い氷に覆われ、ハシゴやパイプには真っ白な氷柱がぶら下がる。そして厚手の防寒具と耳当て付きの帽子で完全防寒装備をした甲板部員が、太い氷柱や船体を覆う氷をハンマーで叩き割ろうとする……。津田のカメラはそうした容赦ない自然環境を活写していた。

「南極でクジラを捕っている——。そう話すとたくさんの人が驚いて、『スゴい』と言ってもらえる。『オレたちは南極で働いているんだ』という自負がありました。それが、やがて捕鯨という仕事にたずさわっているという誇りにつながっていったのかなとは思います」

南極海が津田たちに見せたのは、過酷な姿ばかりではない。

夜のとばりが下りた夜空にたなびく緑色をしたオーロラ。青磁色をした島と見まごうほど巨大な氷山のそばを泳ぐシャチ。パックアイスの上を歩くオウサマペンギンや、寝そべるアザラシ……。自然の厳しさは、豊かさや美しさと表裏一体である。いつしか津田にとって南極海は慣れ親しんだ仕事場となり、青春を過ごした人生の一部となる。

ある日、津田との会話で、南極海のパックアイスが話題に上った。私はパックアイスを海に漂う流氷だと認識していた。しかし津田の話に耳を傾けていると、パックアイスと一口にいっても様々な形があると気づかされる。

「パックアイスというのは氷の塊で、ひとつだとただの氷。それがいくつかつながるとパックになるんです。パックのなかでも『ハードパック』と呼ばれるのが、ごつい氷が密集したもので、船もそこに入っていくのが難しい。キャッチャーくらいの大きさのパックアイスもありますから。日新丸の大きさを超えたら、それはもう氷山ですね。氷山やパックアイスの周りにはクジラが集まりやすいんですよ」

津田の説明を思い出しつつ写真を改めて見直すと、風景の多様さに気づかされる。海面に薄い氷がまばらに漂っているシーンもあれば、キャッチャーボートが海面全体に張った真っ白な氷を割るようにして進む一枚もある。

捕鯨船に乗り続ける動機を問うと、多くの船員が、クジラを捕るという仕事の面白さとともに、南極海の自然の美しさや雄大さを挙げた。津田の写真を通して、私も彼らが惹かれた南極海の魅力の一端に触れたような気がしたのである。

疑似商業捕鯨という批判

二〇世紀以降、世界各国による捕鯨の舞台となったのが、南極海だった。しかし第二次世界大戦後、各国がクジラを捕りすぎた影響で、南極海のクジラの生息数が減少し、捕鯨そのものに批判が集まるようになる。その結果、第二章で詳述するが、南極海はクジラの永久保護区とする「聖域（サンクチュアリ）」に指定される。実質的な捕鯨禁止海域に指定されたのである。

日本の捕鯨会社は戦前から南極海に航海へ出ていた。昭和の商業捕鯨である。だが「聖域」の決定に先立ち、日本は一九八七年に南極海での「調査捕鯨」に移行する。一口にクジラといっても八十数種類もいる。数が減ったクジラもいれば、増加した種もいる。調査捕鯨は、クジラの生息数や生態系、食性などを解明するためにはじまった。

調査捕鯨時代、日本は南極海や北西太平洋で年間数百頭のクジラを捕獲し、科学的なデータを積み重ね、持続可能な捕鯨のあり方を模索した。

商業捕鯨再開を目指し、調査捕鯨を続けたのである。捕鯨に反対する立場の人にとっては、調査だろうと捕鯨が続く事実に変わりがない。国際的な理解はえられなかった。

状況が一変したのは二〇一九年のこと。クジラを管理する国際機関であるＩＷＣこと国際捕鯨委員会を脱退した日本は、調査捕鯨をやめて三二年ぶりに商業捕鯨を再開する。しかし、その舞台は以前の南極海や北西太平洋ではなく、日本の二〇〇海里内の沖合に限られることとなる。津田は南極海への未練をのぞかせて笑った。

「南極海から撤退したあとに、こんなことになるなら新しいレンズや機材を買って、もっと撮影しておけばよかったなと後悔したんです」

津田が南極海でカメラをかまえた新人時代、調査捕鯨にはこんな批判が向けられた。

調査を隠れ蓑（みの）にした疑似商業捕鯨。

調査捕鯨は、水産庁から委託を受けた船が、日本の商業捕鯨再開を目指して行った。商業捕鯨再開に有利な調査となるようなごまかしや水増しはないのか。反捕鯨の立場でなくても、そう訝る人がいても不思議ではない。

けれども、新人だった津田は、生真面目すぎるほどの調査のあり方を、身をもって体験した。調査捕鯨の目的のひとつが生息数の確認——資源量の把握である。クジラを資源とする考え方に抵抗を覚える人もいるかもしれない。これから掘り下げていくが、クジラという野生動物を、そして捕鯨問題を考える上で重要なポイントとなるのが、クジラを資源と捉えるか否か、なのである。

クジラの生息数を把握するベースとなるのが、津田ら甲板部員が行う探鯨だった。

「ぼくらが、クジラの資源量を割り出す調査を行うのですが、ウソをつけばいくらでも資源量なんて増やせるんですよ。監視官は乗っていますが、みんなが結託してごまかせば、いくらでも数字をコントロールできた。でも誰もそんなことをしようと考えもしていなかった。先輩たちは本当に実直に仕事をしていた」

批判にさらされながらもみな、誇りを持ち、自分の仕事を果たそうとしている。一八歳の津田は胸を打たれた。ぜんぜん後ろめたい仕事なんかじゃないじゃないか、と。

「新人のときの体験があったから、いまも船に乗り続けている気がします。逆に、金儲けのためのごまかしやウソがまかり通るような職場だったら、ぼくは、いまここにいなかったでしょうね。反捕鯨になっていたかもしれない」

自分たちは間違ったことをしていない。探鯨を通じて、津田がえた確信だった。

かつて、津田にこんな質問をした。

捕鯨という仕事を続ける原動力となるのは、花形である砲手への憧れだろうか。彼の情熱の源泉を知りたかったのだ。私の問いに対し、津田は正直な思いを口にした。

「砲手になってみたいっていう気持ちがなかったわけじゃないですけど……。通信士や鯨探士の後継者がいなかったんですよ。誰かがやらなければならない仕事ですから」

入社九年目の二〇〇六年、津田は通信士にならないか、と打診される。捕鯨船の通信業務を担当する通信士は、「鯨探機」を操作する鯨探士を兼務するケースがほとんどだ。

鯨探機は、発信した音波の反射をモニター上で判別し、海中に潜って姿が見えないクジラの位置や距離を測る装置である。クジラによって異なる癖や動きを想像し、海況の変化に気を配りながら扱う必要がある。

通信士は、津田が探鯨で培った技術や知識を発揮できる捕鯨ならではの役職といえた。みなが花形の砲手を目指したら、キャッチャーボートという職場は成り立たない。憧れは抱いたとしても、年齢を重ねて経験を積めば現実的な折り合いをつけられるようになる。自分の特性や船内のメンバーとの関係性や兼ね合いで、できる仕事を見い出して、役割を果たしていく。彼は船団を支える一員として、後継者が少なかった通信士や鯨探士という役目を自ら選び取ったのである。

先輩たちに褒められる。仲間の役に立てる……。そんなやりがいと喜びが、二六年も捕鯨という仕事にたずさわる原点だった。

船乗りの結婚は急がなきゃならない

「ダイビングが趣味だったので、イルカやクジラが大好きだったんです。だから、はじめて捕鯨船に乗っていると聞いたとき、『ええっ！　あのクジラを捕ってる人なの』って驚いちゃって。結婚前は、捕鯨について考えたことなんてなかったんです」

津田玲は、夫の仕事をはじめて知ったときの記憶をおっとりとした口調で振り返り、「いえ……」と語り直した。

「主人と出会うまで、私はどちらかというと捕鯨に反対する人に近い考えを持っていた気がします。漠然とですが、日本の捕鯨って、クジラをどんどん捕っているイメージがあったんです。でもいろいろ聞くと、きちんと頭数を調べて、数が減らないように捕っているとわかって、なるほど、そういう仕事なのかって」

津田の五歳年下の玲は、一九八四年生まれ。次の彼女の言葉は、クジラや捕鯨に対する同世代の一般的な意識かもしれない。

「大砲で銛を撃ってクジラを捕ることも知りませんでした。まさか竿じゃ釣れないだろうから、網で捕まえるのかな、と。それくらい捕鯨について知りませんでしたから」

鯨肉が食卓から遠ざかった世代である。捕鯨にゆかりがある地域の出身でもない限り、捕鯨について考えたり、鯨肉を口にしたりする機会はほとんどなかったに違いない。神奈川県相模原市出身の玲にとっても、捕鯨は未知の仕事で、鯨肉は縁遠い食品だった。

二人が出会ったのは二〇〇九年春。当時、玲は自動車を運搬する船会社で航海士として働いていた。三級海技士の国家試験を受験するために、二人は広島県尾道市の尾道海技学院で講習を受けたのだ。

二人には、自動車やバイク、船などの乗り物が好きという共通の趣味があった。何よりも、津田が南極海で撮りためた写真が、二人の距離を一気に縮めるきっかけとなった。

玲も写真が趣味で、ダイビングのたびに水中カメラでイルカの撮影をしていた。

津田のｉＰｏｄに保存された、南極海の美しい景色やパックアイスを縫うように泳ぐクジラが、玲の心を打つ。

「クジラの写真を見て、主人は捕鯨という仕事が好きなだけじゃなくて、クジラという動物も本当に好きなんだと感じたんです」

妻の言葉を受け、津田は付け加えた。

「その頃は、もう捕鯨の写真も撮っていたけど、人には美しい写真を中心に見せていました。気分を害してしまう人もいるかもしれませんから」

津田はアラスカをフィールドにした写真家の星野道夫に憧れていた。いつか星野が活写したアラスカの風景や野生動物を自分も撮影してみたいと考えていた。

出会って三カ月。しかも二人にとって二度目のデートで、津田は玲をアラスカ旅行に誘う。急な話に思えるが、玲は喜んでくれた。二人はキャンプをしながら二週間ほどかけてアラスカを旅して、結婚を決める。

結婚の経緯を聞いた私は、かつてベテラン船員が語った話を思い出した。

「結婚したい相手ができたら、急がなきゃならない。南極に行っている間に相手に忘れられちゃうかもしれないし、ほかの男にとられたら大変だから」

捕鯨船員は陸上にいる時間が少ない。調査捕鯨時代は冬の四カ月から五カ月は南極海、夏の三カ月は北西太平洋上にいる。航海が終わっても、修繕などで船から離れられない場合もある。だから急がなければならないのだ、と。私は冗談半分に受け流していたが、津田の結婚は、ベテランの言葉を地で行っていた。

「だって、ぼくらには時間がないですからね。結婚って、二人がいいからできるというわけじゃないでしょ？　お互いの親にあいさつにいかなければならないし、結婚式も挙げなければならない。陸にいる数カ月でそれらをすませる必要があるんです。だからぼくも、南極に行く前にケリをつけようと」

アラスカで結婚を決めた津田は、日本に戻ってしばらくして南極海に向かった。二人が結婚式を挙げたのは、津田が南極海から戻ってきたばかりの二〇一〇年春である。

結婚後、夫妻は伊豆諸島の御蔵島（みくらじま）を旅行した。イルカと泳ぎ、レンズを向ける夫の姿に、玲は「やっぱりこの人は、イルカやクジラが好きなんだ」と改めて感じた。

「ぼくは鯨探機を扱うことを想定して、イルカの泳ぎ方や動きを観察して、研究していたんですよね」

そう笑う夫について、玲は語った。

「捕鯨の会社に入ったのは偶然だったかもしれませんが、いまは仕事が好きで、一生懸命なんです。だって、友だちの家族が遊びに来たら、必ず鯨肉を振る舞って食べてもらって、捕鯨についてわかりやすく説明して、自分たちの仕事について理解してもらおうとするんですよ」

捕鯨という仕事への誇り。そしてクジラという野生動物への敬意。妻の目には、夫のなかに、二つが矛盾なく同居するように見えるのだ。

再会と発見

津田と再会したのは、二〇二二年の航海である。

若手だった津田も捕鯨歴二四年のベテランとなっていた。

私は日新丸が仙台港雷神（らいじん）ふ頭（とう）を出港してすぐに通信室のドアをノックした。探鯨について、津田に再び聞きたかったからだ。

かつてキャッチャーボートの甲板部員として探鯨に従事していた津田は四三歳となり、九七人が乗り込む捕鯨母船・日新丸の通信業務を一手に管理する通信長になっていた。一般企業でいえば部長職にあたる幹部船員である。玲と三人の子ども、そして黒い柴犬とともに、相模灘が見わたせる神奈川県湯河原（ゆがわら）町の一軒家で暮らしている。

「長男と次男は南極海を航海中に生まれたクジラっ子です。末の娘のときにやっと出産に立ち会えたんですよ」

〝クジラっ子〟。津田の言葉はいかにも捕鯨船員らしい。

広めのワンルームほどある通信室には無線や衛星ファクシミリ、室外機ほどのサイズの船内Ｗｉ－Ｆｉ用のモデムなどの通信機器や過去の捕獲資料などが並ぶ。

「クジラの気持ちを考える」

一四年前の言葉が印象に残っていると伝えると、津田は手動のコーヒーミルで豆を挽（ひ）きながら「ぼく、そんなこと言ってましたか」と笑って「今日、見たクジラは」と自然に切り出した。

今日、見たクジラ――。

さらりと口にした一言に私は驚いた。この日は海況がとても悪く、とても発見できるとは思えなかったからだ。

二〇二二年九月二四日、船団は釜石（かまいし）沖の五五海里（マイル）を航海していた。陸上で一マイルは約一・六キロだが、海上の一海里（マイル）は約一・八キロ。釜石沖約一〇〇キロの沖合である。

早朝から台風一五号の影響で降り続ける強い雨が、黒い波が立つ海面を叩いていた。空も海も灰色だった。

日新丸のブリッジに、計器類の作動音と、荒波に耐える船のきしみが響く。

朝六時の操業開始から三時間が過ぎても発見がない。みな無言でメガネ越しに海を見つめていた。ブリッジの空気が重かった。身の置き所に迷うほどの緊張感が船全体を包んでいた。

午後になると、日新丸と並走するキャッチャーボート・第三勇新丸が、クジラのブローを確認しはじめた。

二〇一九年の商業捕鯨が再開してから二〇二三年まで、日新丸船団に捕獲が許されていたのは、イワシクジラとニタリクジラの二種のみ。つまり、ほかのクジラをいくら発見しても、捕獲は見送らなければならない。

クジラのブローは、種類によって特徴がある。また海況や天候、陽光の加減によっても見え方が違う。海面にミストが扇状に広がって見える場合もあれば、煙突の煙のように白く真っ直ぐに立ち上るケースもある。経験を積めば、ブローを見ただけでクジラの種類、おおよその大きさがわかるらしい。見えたブローはニタリクジラなのか、あるいは別のクジラなのか。津田たちは慎重にブローを見極めようとした。

まさにクジラの気持ちを代弁するかのように津田は説明を続けた。

「マッコウ（クジラ）は深海に潜ったあと、水面で休憩します。人間もずっと呼吸を止めていたら息が上がるでしょう。マッコウも人間と一緒で浮き上がったあとは『ハァ、ハァ、ハァ』っていう感じで、パッとブローが出たら、パッ、パッと続けて出る。それを見れば、マッコウだなとすぐにわかります。でも、ニタリ（クジラ）はそんなに深く潜らずに一回息を継いだら、ちょっと泳いでまた息を継ぐ。その間隔がマッコウよりも長いんです」

午後から雨が上がったが、空は薄暗く風は強かった。強風でブローがすぐにかき消されてしまって、視界も利かない。それでも津田はメガネをかまえ、鉛色の海原を見続けていた。どのくらいの高さまでブローが上がり、どれだけ消えずに残るか。意識しながらメガネを振ると、スーッと真っ直ぐに伸びるブローが見えた。マッコウクジラにしては間隔が長い。

「きた！」と津田は思った。

第三勇新丸は、津田の発見がニタリクジラだと確認し、捕獲へと向かった。

津田の発見に私は既視感を覚えた。そう。一四年前の第二勇新丸での発見が再現されたように感じたのである。

「そろそろ（クジラが）出るだろうな、とは思っていたんです」

そんなことがわかるのか。再び驚いた私に対し、津田は「そりゃ、わかりますよ。経験を積めばみんなわかるんじゃないですかね」と事もなげに返す。

後日、私は津田の探鯨技術について耳にした。第三勇新丸の一等航海士兼見習い砲手の大向力（おおむかいちから）が五歳上の津田をこう評したのである。

「津田さんは、とことんまで考えて探鯨をしている。誰にもまねできない変態レベル。母船（日新丸）が発見したクジラのほとんどが津田さんなんじゃないですかね」

ブリッジにニタリクジラの捕獲の報告が入ったのは一五時過ぎ。津田は、この日唯一の捕獲にホッと表情を緩めた。

「ぼくは入社以来ずっとキャッチャーに乗っていたから、日新丸は今年がはじめてなんですよ。キャッチャーが長かったから、母船の仕事に不慣れで。いまぼくができること——

探鯨と撮影に情熱を注ぐ津田憲二
（撮影: 恵原祐二）

それが、探鯨なんです。クジラを早く見つければ、ほかの乗組員の負担も減るし、ひいては会社の利益になりますから。船員っていっても一サラリーマンですからね。会社や船全体を考えないと」

以前と変わらぬ仕事への意識を彷彿（ほうふつ）させる言葉だった。

二九歳の彼は鯨探士の訓練をはじめた理由を「誰かがやらなければならない仕事ですから」と語っていた。そして四三歳となったいま、「船員っていっても一サラリーマンですからね。会社や船全体を考えないと」と言う。

二〇〇八年と二〇二二年の二つの言葉が、捕鯨にかける情熱を内包しつつ、組織人として必要なバランス感覚を持つ津田のキャラクターをあらわしているように思えた。二四年もの間、捕鯨という仕事を一途に続ける上で、欠かせなかった考え方に違いない。

捕鯨に対して、特殊な仕事という印象を持つ人は多いだろう。

けれども、実際の現場は、陸上の組織や職場とさほど変わらない。捕鯨という仕事を支えているのが、組織のなかで何ができるかを考え、自らの役割を果たそうとする「サラリーマン」たちなのである。

捕鯨と撮影を続ける信念

捕鯨の現場を記録する。津田がそう考えるにいたるにはいくつかのきっかけがある。

津田は新人時代に南極海の景色や動物たちに心打たれ、写真を撮りはじめた。クジラやシャチ、オーロラに氷山……。目の前に広がる風景を遠く離れた日本で暮らす家族や友人たちにも見てもらいたかったのだ。

けれども、自分たちの仕事にはあえてレンズを向けなかった。捕鯨を撮影した写真を部外者に見せるのは「御法度（ごはっと）」という雰囲気があった。調査捕鯨の写真が反捕鯨団体のネガティブキャンペーンに利用された過去があったからだ。

だが、やがて捕鯨を撮影しない自分自身に違和感を抱くようになる。

なぜ、間違ったことをやっているわけではないのに、隠さなければならないのか。

「自分たちの仕事じゃないですか……それをあえて撮影しないのは違うんじゃないかと」

津田の背中を押す出来事があった。

二〇〇四年四月、函館（はこだて）で捕鯨船を一般の人たちに公開するイベントが行われた。イベントでは、捕鯨に関連する写真が展示された。なかには津田が撮影した写真もふくまれていた。

津田は、南極海の風景や動物の写真のなかに、仲間が働く現場を収めた写真を紛れ込ませた。反発を懸念して展示数は絞ったが、一般の人たちの反応が知りたかったのだ。

大多数の来場者は美しく神秘的な南極海の写真を賞賛した。そんななかで、捕鯨の写真を食い入るように見つめていた年配の女性の一言が忘れられない。

「あなた方は本当にすごい場所で仕事をしているのね。誇りに思ってください……」

津田は女性に、自分たちが取り組む仕事の苦労と、その先のやりがいが伝わった気がした。

しかし彼らに向けられたのは、賞賛ばかりではない。いや、批判的な声や反発の方が多かったはずだ。だから、女性の一言が記憶に刻まれ、津田を勇気づけたのだ。それは、彼らが厳しい向かい風にさらされながら、捕鯨の現場に青春をかけてきた証左に違いなかった。

捕鯨とはクジラの命を奪う仕事である。

写真を見ただけで気分を害する人もいるかもしれない。

でも、だからこそ、自分たちが捕鯨を続ける理由を、凍てつく南極海にクジラを追い求めた自分自身や仲間たちの仕事を、たくさんの人に理解してもらいたい。一葉一葉の写真には、そんな切実な願いが込められていたのである。

私は津田が撮影した写真を見返しながら、日新丸船団で過ごした一八一日とともに、青春を捕鯨にかけた船員たちの顔を思い返していた。

二　花形と女房役

砲手の祈り

小さな入り江を望む高台に、古びた墓石が佇んでいた。墓の名を「青海島鯨墓」という。キャッチャーボート・第三勇新丸の砲手である平井智也が墓碑に手を合わせたのは、二〇二三年春のことである。

「青海島鯨墓」がある青海島は、山口県長門市の北に浮かぶ小さな島だ。周囲約四〇キロに約一六〇〇人が暮らす。島の外れにある通地区は、かつて捕鯨が盛んな浜だった。

海雲山向岸寺の僧侶と地元の捕鯨関係者によって一六九二年(元禄五年)に仙崎湾を見わたせる丘に建立された青海島鯨墓には、捕獲した母クジラの胎内にいた七二頭の子クジラが埋葬されている。

隣に建つ観音堂には、一八〇四年(文化元年)から一八三七年(天保八年)の間に捕獲された二四二頭のクジラとその胎児の戒名、鯨種、捕獲した日時や場所が記録されたクジラの過去帳や、クジラや魚の位牌も祀られている。

平井は第三勇新丸のサロンで、青海島の鯨墓について語った。

「海も母親も知らないまま命を奪われた胎児を、せめて海が見わたせる場に眠らせてあげたいとあの場所に埋葬したそうなんです」

長門で捕鯨がはじまったのは、江戸時代の一六七〇年頃。手こぎ船でクジラを追って、網で動きを封じてから銛で弱らせる。そのあと「刃刺し」と呼ばれる漁師がクジラに飛び乗って止めを刺す「網取式」と呼ばれる漁法である。

命をかける刃刺しは、住民からとくに尊敬を集めた。

捕獲したクジラを埋葬し、戒名をつけて弔う。その営みに、捕るか、捕られるかという二項対立では語りきれない青海島に暮らす人々の心情や、クジラとの関係性がうかがえる。

第三勇新丸の砲台に立つ平井も、青海島の刃刺しのように、数多のクジラの生と死と向き合ってきた。彼は、自宅がある下関市から青海島にまで足を伸ばした心境をこう吐露した。

「自分が何頭のクジラを捕ってきたのか。どれくらいの命を奪ってきたのか……。落ち着いたら一度、きちんと整理しなければ、と思っているんです。そうしないとクジラに申し訳ない」

江戸の網捕式と、捕鯨砲で撃つ令和の母船式。捕鯨の形は変わったが、最終的にひとりの人間がクジラの命を奪うという行為に違いはない。

クジラに申し訳ない――建前やきれい事ではなく、心からの言葉だと感じたのは、見習い砲手時代に彼の人柄に触れていたからだけでなく、津田から平井の人物像を聞いていたためだ。

「平井さんは、動物を殺生する仕事に従事しながらも動物愛が凄いんですよ。虐待されたり、捨てられたりした保護猫を家でたくさん飼っていますし、船に迷い込んだ鳥もよく保護する。

人間相手にも情に厚い人ですよ」

その言葉を裏付けるように、平井は続けた。

「最近、家で飼っていた犬と猫が立て続けに亡くなったんです。二匹とも自宅で看取ったんですが、命がなくなる瞬間、目からふっと力が抜ける。あの独特の感覚を、クジラを撃ったあとにも感じるんです」

捕鯨砲で撃ったクジラをウインチで引き寄せる作業の途中、砲台に立つ平井にはクジラと目が合う一瞬がある。やがてふっと瞳から光が消える――。そのたびに自分が命を奪った現実を、実感をともなって突きつけられる。感傷的になるわけではないが、どこか胸がうずくような複雑な感情が去来するのだ。

クジラが埋葬された青海島鯨墓

「見習い砲手になったばかりの頃もクジラの命を奪っている自覚はもちろんありましたが、死に対する受け止め方が変わったきっかけは、親父の死だったのかもしれません」
二〇一二年冬、平井は南極海の航海に行かずに闘病中の父親を実家で看取る。彼にとって、人の死に立ち会うはじめての体験だった。
父の死に前後して彼は、見習いから正砲手へと昇格する。クジラを捕る。その責任を一身に背負う立場となるタイミングでもあった。

「それからですね。命と死を、捕鯨という仕事を、より深く考えるようになったのは……」

『鯨の海・男の海』

平井もまた、記憶に強く残る船員だった。

はじめて出会ったのは、私にとって二度目となる二〇〇八年の航海だった。当時三四歳だった彼は偶然にも、この航海から見習い砲手となっていた。

印象的だったのは調査を終えた夜、ボクシンググラブをはめた彼がデッキに吊るしたサンドバッグを叩く姿だ。色白で引き締まった細身のせいか、本物のボクサー然としたストイックさを感じさせた。

津田をはじめほとんどの若手が、高校の教師に勧められたり、求人を見たりして、思いがけず捕鯨船の人となった。けれども、平井は違った。捕鯨に憧れ、砲手になるべくキャッチャーボートに乗り込んだ人物だったのである。

彼の人生を決定づけたのは、高校の図書館で手に取った一冊の写真集だった。

一九七四年に千葉市で生まれた平井は、住宅街で育った反動か自然が好きな少年だった。成田市の芝山(しばやま)地区の里山には祖父母が暮らす家があった。遊びに行くと平井は、朝から晩まで山を駆け回り、川で捕った魚やドジョウを祖母に天ぷらにしてもらった。

将来は漁船に乗りたいと考えた平井は、自宅から電車で二時間もかかる館山(たてやま)市の安房(あわ)水産高校（現・館山総合高等学校）に進む。

過酷な自然に挑む生き方に憧れた彼は、登山家の植村直己の『青春を山に賭けて』やノンフィクション作家の長尾三郎の『マッキンリーに死す』、日本の捕鯨史を知悉するC・W・ニコルの著作などを読みあさった。就職を意識するようになった頃、図書館で『鯨の海・男の海』という箱入りの写真集に出合う。

撮影した市原基（もとい）は、一九八二年冬から二年間、南極海を航海する捕鯨船団に同行し、昭和の商業捕鯨の終わりをフィルムに焼き付けた写真家である。

カツオの一本釣り漁船に乗ろうと思っていた平井は衝撃を受ける。

鯨の海・男の海
市原 基

南極海での商業捕鯨を活写した
市原基の写真集『鯨の海・男の海』

なんてかっこいい船なんだろう……。高くせり上がった船首付近に、高々としたマストが立つ。使い込んだ船体にはサビが浮いていた。平井の目には、無骨な船がとても美しく映った。

ファインダーが捉えた船は、二〇〇七年まで現役だったキャッチャーボート・第一京（きょう）丸（まる）だった。

この船に乗り、パックアイスが浮かぶ南極海で、クジラを捕るのか……。C・W・ニコルが小説で描写した南極海が、臨場感とリアリティをともなって平井の眼前に浮かび上がった。南極海に、捕鯨に、キャッチャーボートに、そして、何よりも砲手に憧れた。

だが、平井はすでに南極海の捕鯨は終わったと思い込んでいた。昭和の商業捕鯨終焉を機に、メディアが南極海での捕鯨を取り上げる機会が減った影響もあったのだろう。また共同船舶は発足以来、新卒船員の採用を行っていなかった。

そこで平井は教員を通じて、南房総市和田浦の捕鯨会社・外房捕鯨を紹介してもらう。

調査捕鯨は、水産庁と日本鯨類研究所が南極海と北西太平洋で行ったプロジェクトだった。調査の現場をになったのが、共同船舶である。しかし、調査捕鯨と並行して日本の沿岸では、民間の捕鯨会社によって商業捕鯨が続いていた。外房捕鯨は、そのうちの一社である。

このあたりの事情について、簡単に触れておきたい。

戦後から続く乱獲の歴史のなかで、クジラ資源の管理を目的として立ち上げられた国際捕鯨委員会（ＩＷＣ）は、八十数種いるクジラのうち一三種――シロナガスクジラ、ナガスクジラ、イワシクジラ、ザトウクジラ、ニタリクジラ、ミンククジラなどを保護の対象とし、捕獲を原則として禁止した。

裏を返せば、それ以外の七十数種はＩＷＣの管理対象になっていない。平井が紹介された外房捕鯨のある和田浦をはじめ、和歌山県太地町、宮城県石巻市鮎川、北海道の網走と函館の沿岸では、いまも農水省の管轄のもと、ＩＷＣが保護の対象としていないクジラやイルカを捕獲している。また商業捕鯨が再開した二〇一九年から、沿岸捕鯨には年間一四二頭のミンクク

平井智也を捕鯨の道に誘った第一京丸(撮影: 市原基)

ジラの捕獲が許可されるようになった。

平井は南極海での捕鯨は終わったと思いながらも、どうしても捕鯨にたずさわりたかった。そこで四〇〇年前からツチクジラ漁を続ける和田浦に足を運び、外房捕鯨の社長に入社したいと相談した。しかし新規採用をしていないからと断られてしまう。

その頃、共同船舶は南極海で調査捕鯨を続けていたものの、乗組員の高齢化という問題を抱えていた。戦後の商業捕鯨を経験した船乗りが、年齢を重ねながら現場の中心となっていたからだ。国際世論の反発もあり、調査捕鯨の継続すら危ぶまれていた時期だったため、共同船舶は発足以来、新規採用を見送っていた。捕鯨の技術継承が喫緊の課題となっていた。

そんななか、共同船舶は一九九二年度に新規採用にはじめて踏み切る。全国の水産高校や水産系の大学に求人を出したのは、平井が就職先を探していた高校三年時のことだった。

「調査捕鯨って知っているか」

ある日、平井はそう教師に声をかけられる。募集パンフレットを手に取ると『鯨の海・男の海』で見た第一京丸の写真が載っていた。

ここに行くしかない。

即決した平井は、調査捕鯨になってから初の新卒船員として、捕鯨船に乗り込んだ。

一瞬の勝負

無事に入社を果たした平井だったが、希望が叶わず、憧れの砲手が乗るキャッチャーボートではなく、甲板部員として母船・日新丸に配属される。人員不足で、鯨肉を「パン」というステンレス製の容器に詰める「パン立て場」と呼ばれる加工部署に配置されたのだ。

もちろん鯨肉生産は調査捕鯨を成り立たせるための重要な仕事だった。しかし平井はキャッチャーボートで生きたクジラに肉薄したかった。

入社一年目の一九九二年、日本テレビのクルーが南極海の調査捕鯨に同行し、番組をつくった。平井は、キャッチャーボートに移乗したクルーたちに、探鯨や捕獲の映像を見せてもらった。画面のなかでは同期の新人たちがクジラに相対していた。

いいなぁ……。彼にはうらやましがることしかできなかった。

二年目の航海でもキャッチャーボートには乗れなかった。平井の目には、日新丸から見るキャッチャーボートがなおさらかっこよく映った。すでに二度も捕獲を経験した同期に対し、焦りが生まれた。

キャッチャーに乗り、いつか砲手に――。

理想と自分の置かれた現実とのギャップに不満が募ったが、砲手への憧れは消えるどころか、さらに増していく。会社に直談判した平井の名が、キャッチャーボートの乗船名簿にようやく記されたのは入社三年目、一九九四年のことだった。

平井たちは、調査捕鯨を支える存在として、捕鯨の将来のために期待されて採用された若者だった。しかし、同期でいまも捕鯨にたずさわるのは、二〇二二年の航海で日新丸のキャプテンをつとめた野島茂（のじましげる）と、目視調査を行う勇新丸のキャプテン・槇公二（まきこうじ）の三人だけとなった。

彼らは調査捕鯨世代とも呼べる存在だ。

平井は当時の心境を語る。

「はっきり言って、捕鯨の技術を継承するとか、産業を守るとか、調査がどうかとか、そういう意識はまったくなかったですね。どうやってあの大きなクジラを捕るの、っていうところからスタートするじゃないですか。未知の世界ですから」

ベテランが語る一言一言、ベテランが見せるロープワークや刃物の使い方のひとつひとつが新鮮だった。

船は職場であるとともに、生活の場でもある。自宅で過ごすよりも船にいる時間が長い。いつしか平井にとって船の暮らしが日常になっていた。

一〇年が過ぎ、一五年目になるとベテランは船を降り、後輩たちが増えていく。そこでようやく教わった技術や経験、知識を下の世代に伝えなければ、という意識が芽生えた。ただ基本的な姿勢は新人時代から一貫していた。

「捕鯨という仕事が面白い。好きだから飽きることなく続けられる。そこに尽きます。あと若い頃は砲手への憧れ。あの大砲を撃ってみたい。それが原動力でした」

平井が見習い砲手になったのは、私が二度目の乗船取材を行った二〇〇八年である。

砲手の訓練は机上の計算からはじまった。捕鯨砲から発射された銛は放物線を描いて飛ぶ。その上で船の速度とクジラの泳ぐスピードを考慮し、どの角度で、どのタイミングでトリガーを引くと命中するのか教え込まれる。

距離はメートルではなく、尺貫法（しゃっかんほう）の「間（けん）」で測るように教えられた。一間は約一・八メートル。大砲の照準はふだん、三五間——約六三メートルの位置に合わせている。

銛が六三メートルの地点に着弾するまでの所要時間は〇・九秒。調査の捕獲対象だったミンククジラの体長は八メートル前後。ブローを噴くために鯨体を海面に出す時間はわずか一秒から一・四秒に過ぎない。まさに瞬く間である。潜る直前か潜ったあとに、銛が背びれに当たったとしても捕獲にはいたらない。

砲手はクジラの動きを予測し、トリガーを引くチャンスをうかがわなければならない。一瞬の勝負である。最初の訓練ではそうした射撃理論を叩き込まれた。

机上の計算が終わると砲台に立ち、クジラに見立てたブイ（浮標）に向けて照準を合わせ、砲口を向ける。次に浮かべたブイやパックアイスを的に銛を撃つ。

そして実際にクジラを狙う。平井は言う。

「もちろん砲台で計算する余裕なんかありません。何度も訓練して、感覚として頭と身体に叩き込んでいくしかない」

なぜ外れたのか。当たり所はどうだったか。撮影した映像を見ながら、ひとつひとつの動作、トリガーを引くタイミングなどを検証し、次の射撃に活かしていく。

そうした訓練を重ねて、念願の正砲手に認められる。

見習い砲手の時代は何も考えずに思いっきり引き金を引けたと平井は振り返る。失敗しても誰かがケツを持ってくれる。そんな甘えがあったという。

「でも、いまは違う。ぼくが砲台という舞台に立てるのは、

南極海の調査で捕鯨砲をかまえる砲手
（撮影：津田憲二、提供：日本鯨類研究所）

乗組員みんながお膳立てしてくれるから。その分、責任を果たさなければ、全体を考えなければ、とプレッシャーを感じる瞬間が確かにあるんですよ」

キャッチャーボートでは二人の航海士が二交代制で船を運航する。機関長および三人の機関士が船のエンジンを動かし、メンテナンスを行う。日に三度の食事を担当するのは、二人の司厨部員である。通信長は陸上や母船とのやりとりだけではなく、時には音波を利用した鯨探機を駆使してクジラの位置を割り出してくれる。

キャプテンが、一六人の船員をまとめ上げる。早朝からメガネをかまえて海原にクジラを探すのが、六人の甲板部員だ。

平井や津田も、甲板部員から捕鯨船員のキャリアをスタートさせた。発見から捕獲までのプロセスがうまくいくかは、甲板部員の働きにかかっているといってもいい。

クジラの発見後、船の指揮権はキャプテンからボースン（甲板長）に移る。ボースンは、発見したクジラを追う「追尾」の責任者だ。ボースンの腕を試されるのが、追尾である。追尾次第で、クジラを捕り逃す可能性があるからだ。こうして船員たちが大切につないできたバトンは、最終的に砲手にわたされる。

かつてベテランの船員が、野球のバッテリーになぞらえて、砲手とボースンの関係性を説明してくれた。どんなにコントロールがよくて、いい球を投げるピッチャーがいたとしても、キャッチャーのリードが悪ければ、力を十分に発揮できない。砲手がトリガーを迷いなく引ける好機を演出するのが、女房役のボースンの腕の見せ所なのだ、と。

「どう追尾して、射撃まで持っていくか。相手も生き物だから必死で逃げようとするし、海の状況も毎回違う。それを考えながら追いかけるのが、オレたちの仕事で……。ボースンの役割として、もっとも重要なのは、波の状況や天候なんかをすべて考慮して、てっぽうさんが撃ちやすい場所に船を持って行くことですね」

平井の女房役をつとめるボースンの片瀬尚志(かたせひさし)は、自身の役割についてそう語った。

クジラを撃つ。砲手の射撃技術に成否が左右されると思いがちだ。しかしボースンとの息が合わなければ、どんなに優れた砲手でも結果は出せないのである。

トップマン

ボースンである片瀬尚志の持ち場は、第三勇新丸のマストの最上部である〝トップ〟だ。高さ一八メートルのトップマストから、三六〇度の海原に目をこらしてクジラを探す。

トップは、キャッチャーボートの甲板部員にとって特別な現場だ。ボースンをふくめたトップに立つ三人の甲板部員を「トップマン」と呼ぶ。探鯨に長(た)け、クジラの習性を知り尽くした者に任される現場である。

トップには三人が腰掛けられる幅一五〇センチほどのシートが取り付けられている。ほかに身を預けられるものといえば、胸の高さあたりに組まれたパイプの柵のみ。周囲に見えるのは、日新丸だけだった。

視線を水平線から真下に移す。とたんに恐怖を感じた。トップマストは生身の人間が、クジラや自然環境と向き合う場なのだ。トップに立つ片瀬は水平線を指さした。

「水平線までは約一二キロ。毎回、航海に出るたび『距離角度推定実験』をやるんです。クジラを見てもどこにいるか、説明できないと困りますから。海面に浮かべたブイまでの距離が何マイルか推測していく。どうしても誤差が出てくるから、自分で誤差を把握する。角度は方位盤を目安にします。新人がトップマンになるまでは、早くても五、六年はかかりますかね。オレも最初にここに立てたときはホントにうれしかったな……」

平井と同じ一九七四年生まれの片瀬は、クジラを連想させるような恰幅で、野球の「女房役」を彷彿させる船員である。真っ黒に日焼けしているが、いつもトップで偏光サングラスをかけているせいで、目の周囲だけが白い。愛嬌を感じさせるのは顔立ちだけではなく、受け答えからも彼の大らかで飾らない人柄が伝わってくる。

「船に乗るつもりで地元の水産高校に入ったんですけど、船に乗ればなんでもいいかなと思って。共同船舶っていうくらいだから、船の会社なんだろうと。入社してからなんですよ、捕鯨の会社だと知ったのは」

一九八七年に調査捕鯨がはじまってから五年が経ち、共同船舶が求人募集を行って以降、津田や片瀬のように捕鯨にゆかりのない新人が一気に増えた。砲手の平井も『鯨の海・男の海』を見て憧れたとはいえ、捕鯨とは無縁だった。

他方、調査捕鯨時代にキャッチャーボートのキャプテンをつとめ、若い世代を「クジラの〝ク〟の字も知らない」と評した佐々木安昭は、江戸時代から捕鯨が盛んだった五島列島に生まれ、曽祖父から四代続けて捕鯨船に乗り込んだ。地縁や血縁をたどり、捕鯨を生業にした彼らの世代とは、隔世の感がある。世代が変わったのだ。

あくまでも私の実感だが、調査捕鯨時代の航海で出会った若手船員の九割が、教師や先輩に勧められるまま捕鯨船に乗っていた。令和になって商業捕鯨に移行したあと、かつてインタビューした船員の三分の二近くが捕鯨から離れていた。

高さ18メートルのトップマストに立つ船員たち

だが、クジラを捕る会社と知らずに共同船舶に入社した片瀬は、いまもトップに立つ。なぜ、捕鯨という仕事を三〇年も続けられたのだろうか。

「オレの場合は、辞めてもほかに仕事が見つからないかも、と思っていたのが大きかったですね。うちの会社ってほかの船舶会社に比べて、特別給料がいいわけでもないんですよ。それでも、調査時代は、冬は南(南極海)と夏は北

（北西太平洋）で、一年のほとんどを海で過ごすから。お金を使うヒマがなくて貯まるんです」

肩肘を張らずに正直に答えを返してくれる片瀬だったが、ボースンの腕が試されるクジラの追尾について語り出すと、口調に熱がこもってくる。

追尾のセオリーのひとつが、向かい風のなかを泳ぐようにクジラを追い込むこと。追い風にすると、クジラは波に乗って一気に遠方まで逃げてしまう。

逆に向かい風のなかでは、泳ぐスピードが遅くなる上、呼吸をする頻度が増えて浮上する回数が増える。浮上の瞬間が射撃のチャンスである。砲手が撃ちやすい位置やタイミングを念頭に置き、クジラを追い込む。

当然、クジラも必死で逃れようとする。ボースンの予想通りに動くとは限らない。しかも一頭一頭に泳ぎ方の癖や性格、個性がある。船のエンジン音を敏感に察知し、裏をかくように逃げるクジラもいる。

「いいですか」と片瀬は私のノートをキャッチャーボートに、ボールペンをクジラに見立てた。テーブルに置いたノートに向けて、ボールペンを四五度に傾ける。ボールペンの頭、つまりクジラの頭が船側を向いている。

「クジラの頭を内側に向かせるのが理想なんです。でもとくにニタリ（クジラ）は外側に向かって避けようとする個体が多い。外に逃げられるとてっぽうさんが引き金を引けないんです。もしも撃ったとしても背中に当たって肉が損傷するか、掠（かす）って逃げられてしまう。その意味ではオレにとって、ニタリが一番難しい気がします」

クジラの背中からは質のよい赤肉が生産できる。背中に銛を当ててしまうと、生産できる鯨肉の量が減ってしまう。

もう一種の捕獲対象であるイワシクジラはどうか。逃げる方向や射撃時の鯨体の向きを意識して追尾しなければならないニタリクジラに対し、イワシクジラは見逃さないように意識しなければならないと片瀬は説明した。

「イワシは、ニタリに比べて海面に浮上する回数が少ない。海中に潜っている時間が長いから見失いがちなんです」

片瀬は「イロってわかりますか」と問う。

イロとは海面に浮かび上がる鯨影である。水色や天候によっては見えにくかったり、鮮明に見えたりもする。ほとんど見えない日もある。

またクジラが深く潜水してもイロは消える。イロが消えたらリング——尾びれがつくる波紋を手がかりにしてどの方向に向かったかを予測して船を動かす。

「消えたあと、どこに出てくるか。モグラ叩きみたいな感じです。イロを消したあと、船尾の方に出てきたり、外に向かって泳いでいたり、こっちが予想もしていないところに現れたりする〝こすい〟ヤツもいます。それを踏まえて追尾しなければならないんですけど。その駆け引きがオレにとってはこの仕事の面白さです」

〝こすい〟は、捕鯨の現場でよく耳にする物言いだ。

『広辞苑』を引くと〈わるがしこい〉〈ずるい〉などの意味が並ぶ。けれど、船員たちが語る

〝こすい〟はマイナスのイメージよりも、手強(てごわ)いというニュアンスが近い。片瀬は続ける。

「学生時代は、クジラを捕るなんて想像もしてなかったですけど、いまはクジラを見つけると目の色が変わりますからね」

利益に直結する判断

ボースンは、調査から商業へと捕鯨の形が変わり、責任がより増した役割のひとつだ。

日新丸で津田がこんな話をしてくれた。

「商業捕鯨になって、生産性が重視されるようになりました。クジラの体長を五〇センチ間違えれば、数百キロ単位で体重が変わってしまう。そうすると売り上げが数十万、数百万単位で変わる可能性があるんです。だから捕獲するかどうかを決める前に、クジラの大きさを正確に見極めなければならない。クジラの大きさを判定するのはボースン（片瀬）の役目です。クジラの体長や丸さ（太り具合）を正確に判定するにはどうすればいいか、悩んでいるんです。キャッチャーに乗ったら聞いてみてくださいよ」

片瀬に問う前に説明が必要だろう。

二〇一九年、日本は調査捕鯨をやめて商業捕鯨を再開した。

調査捕鯨と商業捕鯨の違いは何か。

ひとつが、捕獲する海域が、南極海と北西太平洋から日本の二〇〇海里内に変わったこと。

もうひとつが、税金を原資とした国策の調査捕鯨に対し、令和の商業捕鯨は、日新丸や第三勇新丸を運航する共同船舶という一民間企業の「営利活動」となった点だ。

調査捕鯨時代、共同船舶は売り上げをさほど気にする必要がなかった。調査捕鯨を実施する日本鯨類研究所から支払われる用船料や人件費で、赤字になりにくい構造になっていたからだ。

しかし商業捕鯨になり、鯨肉の生産と販売が共同船舶の事業の柱になった。利益を上げたいからといって、見つけたクジラを片っ端から捕っていいわけがない。それではクジラを絶滅の危機に追い込んだ戦後の商業捕鯨時代に逆戻りだ。

そこで水産庁は、過去の調査結果を基に「捕獲枠」を定めた。

二〇二二年度に共同船舶に割り当てられた捕獲枠は、ニタリクジラ一八七頭とイワシクジラ二五頭。共同船舶の収入は二一二頭から生産できる商品の売り上げで左右される。だからできるだけ大きく体重があり、たくさんの鯨肉を生産できるクジラを発見し、選びに選んで捕獲しなければならない。

発見したクジラの大きさの判定は、トップに立つボースンに一任される。クジラの追尾とともに、ボースンの重要な役割といえるだろう。

ニタリクジラでも一〇メートルほど小柄な個体から、一四メートルを超す大物もいる。体長に一メートルの誤差があれば数トン単位で体重が変わる。仮に鯨肉に一キロ一〇〇〇円の値が付くとしたら、数百万円の損失を生む場合もある。ボースンが、鯨肉の生産量や売り上げに結びつく最初の判断を下すのだ。

では、片瀬はどのようにクジラの大きさを見極めているのだろうか。

「クジラは海に潜っているでしょう。実際に計測できるわけじゃないから見た感じで判断するしかない。経験に基づく勘としか言えないです」

だから、と片瀬は少し大げさに顔をゆがめてみせた。

「毎回、胃が痛くなりますよ」

等身大の葛藤

捕鯨船は職住一体の職場である。平井は、女房役の片瀬の苦労を誰よりも知る。

クジラを捕る――。

彼らが数カ月も陸上に戻らずに航海を続ける目的は、その一言に尽きる。ゆえに最後にトリガーを引く砲手には重い責任が課せられる。

仲間の支えがあるから、自分が砲台に立ち、引き金を絞れる。だからこそ、プレッシャーを感じる瞬間がある。平井はたびたびそう口にした。

「調子がいいときには何も考えず撃てる。ただ、一度型が崩れると、外したらどうしようと不安が先行してしまう。みんながんばって発見して、追ってくれたクジラなのに、逃すわけにはいきませんから。それなのに、あの至近距離で、なぜ、という場合もある。いつも通りにしようと思えば思うほど、うまくいかなくなってしまう」

自分は砲手に向いていないのではないか。不安や葛藤と向き合いながら、平井は日々砲台に立ちクジラと正対する。彼の不安や葛藤は、責任の重さを実感するからだ。

自然体で物事と向き合いたいのに、どうしても肩に力が入ってしまう。どんな人も多かれ少なかれ経験するプレッシャーだ。平井が吐露した等身大の葛藤には共感できた。

それでも砲台に立てば、片瀬をはじめとするキャッチャーボートで寝食をともにする仲間たちの努力や苦労に報いなければならない。

クジラの解剖や食肉の加工を行う捕鯨母船・日新丸では九七人の船員が待つ。

陸上では営業や総務、資材調達を行う社員たちがいる。鯨肉を待つ加工業者やクジラ料理専門店も全国各地に散らばっている。

捕鯨にかかわるすべての人の期待を背負って、てっぽうさんは砲台に立つ。

私は三度の乗船取材で、数え切れないほどの捕獲を目の当たりにした。なかでも、忘れられないシーンがある。

三度目の航海となった二〇二二年一〇月一四日。発見から捕獲までのプロセスに、凝縮されたキャッチャーボートのチームワークを、そして、商業捕鯨へと仕事の形が変わって変革した船員たちの意識を見たのである。

三　チーム・キャッチャーボート

イワシクジラを追い求めて

二カ月の航海のはじまりを告げる汽笛が響いた。

捕鯨母船・日新丸とキャッチャーボート・第三勇新丸が、宮城県の仙台港雷神ふ頭を離岸したのは、二〇二二年九月二一日午前九時。

九七人が乗り込む日新丸に対し、第三勇新丸の乗組員は一七人。二隻一一四人からなる捕鯨船団は、北海道沖を目指し、エンジンをうならせた。

海上でも気温は二〇度を優に上回り、汗ばむほどだ。九月下旬になっても、夏の暑さが続いていた。

日新丸に乗船して沖に出た私が、第三勇新丸に移乗したのは、出港から一八日が過ぎた一〇月八日。日新丸には、銛や食料などをキャッチャーボートに運搬するためのクレーンと巨大な竹かごが設置されている。必要に応じて、海上で人員が移乗する場合にもこのクレーンと竹かごが用いられる。

第三勇新丸に移乗して一週間が過ぎた一〇月一四日。午前五時三〇分頃に起きると、船室の

キャッチャーボート・第三勇新丸（撮影：津田憲二）

丸窓から朝日が差し込んで壁に光の円を描いていた。

この日、私は探鯨、追尾、捕獲という一連のキャッチャーボートのチームワークを、そして調査から商業に変わった捕鯨のいまを象徴する現場に立ち会った。

午前六時、第三勇新丸はキャプテンの大越（おおこし）親正（ちかまさ）の軽やかな声を合図に動き出した。

「操業を開始します。みなさん、今日もよろしくお願いします」

船団は北海道厚岸（あっけし）の南方二〇マイルの海域を西へ向かうという。水温は一三・五度。一〇ノットの風が吹いていた。

私は第三勇新丸に乗り移ってからの一週間で、七頭のニタリクジラの捕獲を取材した。一方、イワシクジラは一頭を発見しただけ。その一頭も小柄だったために、鯨肉の生産性を考慮し、捕獲を見送っていた。

この日の捕獲対象はイワシクジラだった。ニタリクジラに比べて、イワシクジラの発見は極端に少なかった。ほとんどいなかったといった方が現実に近い。

この時点でニタリクジラは捕獲枠一八七頭のうち、一八五頭を捕獲していたが、イワシクジラの捕獲は、二五頭の枠のうち、一頭にとどまっていた。

果たしてイワシクジラを捕獲できるか。そもそもイワシクジラはいるのか。第三勇新丸の乗組員たちは不安を抱いていた。

ブリッジの中央に設置されたチャートテーブルの前に立つ、一等航海士兼見習い砲手の大向力が、海図に鉛筆を走らせながら言う。

「みんなイワシがいるか心配しているんですよ。魚だってそうですけど、クジラも去年いたからといって今年も同じ場所にいるとは限りませんから」

イワシクジラは一四メートルから一五メートルに成長する、ニタリクジラよりも大きなクジラである。ニタリクジラが生息する海域よりも冷たい水温一四から一五度を好む。

しかし温暖化の影響で、魚やオキアミの生息海域が北に移動し、イワシクジラもエサを追って北の海に向かったと考えられる。それなら、もっと北の海域で操業すれば、とも思うのだが、日本の二〇〇海里外に出ることは許されない。

操業開始から六分後、船内スピーカーが響く。

「右一度。五マイル。ブロー」

エンジン音を響かせた第三勇新丸は、波をかき分けて発見地点へと急ぐ。数羽のカモメが第三勇新丸に並ぶように飛翔する。

　前方に再びブローが上がった。

「ブローが二つ出てますね。右のブローの方が立派かな。左はやや雑。イワシはスッときれいで大きなブローを噴いて、間隔も一定なんです。難しいのはザトウですね。ザトウもイワシと似たようなブローを噴くことがあるんですけど。左はザトウかな……」

　大向の声に落胆がにじむ。捕獲対象外のザトウクジラなら仕事は振り出しに戻るからだ。トップで二つのブローを観察していた片瀬は、右に狙いを定めたようだ。第三勇新丸が右に進路をとる。

「スターボー（右）！」

「すこスロー（少しゆっくり）！」

「ベリベリスロー（もっとゆっくり）！」

　第三勇新丸をクジラに近づけつつ、片瀬は「イボはありますね」と加えた。

　〝イボ〟とは背びれの通称である。

　イワシクジラとニタリクジラは見た目がとてもよく似ている。古くは区別されておらず、イワシクジラやナガスクジラに「似たり」という由来で「ニタリクジラ」と命名された。見分け方も難しい。頭部に三本の隆起線が走るニタリクジラに対し、イワシクジラは一本だけ。あとはイワシクジラの背びれは鋭角で大きい。

　それぞれの捕獲枠は生息数や繁殖力などに応じて定められており、対象以外の捕獲は間違っても許されない。そのために鯨種の判定には慎重に慎重を期す。

背びれも判定する手がかりのひとつだが、私にはいまいち違いがわからない。だが、大向によると「イワシのイボは切り取って家に飾りたいくらいかっこいい」らしい。

ボースンの片瀬が鯨種と大きさを見定めた。

「ニタリですね。一二・九メートル。やや丸い」

ニタリクジラは今日の捕獲対象ではなかった。

「レッコですね」

気落ちした口ぶりの大向が、ニタリクジラの発見を海図に書き込んだ。

〝レッコ〟とは「離す」や「捨てる」を意味する船乗り用語だ。英語の「Ｌｅｔ ｇｏ」がレッコの語源という説がある。

ニタリクジラの大きさを判定したあと、発見は止まってしまう。

待望の発見

午前六時四〇分過ぎ。ニタリクジラの発見から三〇分が過ぎただろうか。先ほどまで真っ青だった海が鉛色に変わっている。

船内スピーカーの報告もない。不規則な波の音と規則的なエンジン音だけが響く。時間が止まったような錯覚に陥る。

トップマスト中段には、ＩＯと呼ばれる二人がけのボックス席がある。ブリッジを出てＩＯ

にあがると、第三勇新丸の通信長である鈴木寿治が、ボックス席から身を乗り出すような姿勢でメガネをのぞきながらつぶやいた。

「厳しいですね……」

捕鯨砲を止まり木にカモメが羽を休めていた。この時間が延々と続くように感じた。

だが、次の瞬間、隣の鈴木が突然、立ち上がり、発見ブザーを押すと猛然とマイクを手に取った。

「右五度、二・三マイル」

鈴木が前方を指さした。鉛色の海面に漂うブローが肉眼でもはっきり見えた。

それでもまだ船内の雰囲気は落ち着きを保っていた。この数日、イワシクジラかと幾度も期待したが、鯨種を確かめるとニタリクジラやザトウクジラで、そのたびに船員たちは落胆していたからだ。

「あのイボ、イワシじゃない⁉」

この鈴木の一言を潮目に、時間の流れと船内の空気ががらりと変わった。

鈴木はマイクで伝えるやいなや、ＩＯの背後に設置されたハシゴを慌てて駆け下りていく。

「スターボール三〇度！（右三〇度）」

「スロー……」

船内スピーカーの片瀬の声に張りが戻ったように感じられた。

探し求めたイワシクジラとの遭遇の可能性に、船内の温度が一気に上昇し、それまでにはな

中央が砲手の〝女房役〟である片瀬尚志（撮影：津田憲二）

かった興奮や熱気が伝わってきた。

「一本線ですね」

「こっちからも確認できました」

それぞれの持ち場にいる船員たちが頭部に走る一本の隆起線を確認し、イワシクジラに間違いないと確かめる。

若手の甲板員が砲台に駆け寄って、口径七五ミリの捕鯨砲に、重さ四五キロの銛を装塡（そうてん）した。

ほどなく砲台に黒いウィンドブレーカーをまとった砲手の平井が姿をあらわした。

平井は、朝陽がまぶしいのか、キャップの庇（ひさし）に手をやってから、トリガーに手をかける。

第三勇新丸は、イワシクジラの追尾に入った。

「スターボール（右）！」

「スターボール！」

トップマストでイワシクジラを見張る片瀬の声が響く。アッパーブリッジで舵を握る若手甲板部員が、片瀬の呼号を大声で復唱する。

「ポール、三〇（左三〇度）！」

「ポール、三〇！」

「ちょいポール（もう少し左）！」

「ちょいポール！」

一〇分か一五分か。発見からどれだけ時間が過ぎただろうか。

ともにクジラを捕るという目的に向かって、この数日間、イワシクジラを求め続けた一七人の乗組員の緊張と興奮をともなう一体感が、時間の感覚を狂わせた。

パンコロ

イワシクジラが前方を泳いでいた。

快晴で、水色（すいしょく）もいい。私にも海面に浮かび上がる鮮やかな緑のイロ（鯨影）がはっきりと見えた。

イロまでの距離が縮まった。一〇〇メートル、いや数十メートルほどか。

そのときを見逃さぬよう、私も身を乗り出して目をこらした。

砲台に立つ平井は、少しだけ腰を落とした姿勢のまま、ボースンの声に従って身体ごと砲口を動かし、イロに照準を合わせる。

平井は、砲台でひとりクジラに向き合っていた。

緊張の瞬間が連続する。

クジラは左前方を進んでいた。身の危険を感じたのか、丸みを帯びた黒々とした背を見せる間隔が短くなり、スピードを上げる。

海面に浮上したクジラは、炭酸飲料のプルタブを開けた音を数百倍にもしたような破裂音とともに、漆黒の背から真っ白なブローを噴き上げた。

背中を丸めて海中に潜ろうとした刹那、砲声が轟いた。

間髪を容れずにボースンの声が続く。

「命中！」

海面には水柱が立ち、硝煙が舞う。

瞬く間の出来事だった。あたりに漂う火薬の臭いと、海面でたゆたう幾筋かの血液が、平井が大砲のトリガーを引いた証だった。

クジラの腹部に、銛が深々と突き刺さっている。銛と第三勇新丸とをつなぐロープがピンと張った。クジラは逃れようと必死にのたうつように尾びれで海面を叩き、赤い血が混じるブローを二度、三度噴き上げた。が、すぐに動きが緩慢になり、仰向けになって銀色に光る腹を見せた。絶命したことが、私にもわかった。

一発の銛でクジラを仕留める、理想の射撃を〝パンコロ〟という。

パンと撃ってコロリと死ぬ。平井はパンコロについてこう話していた。

「パンコロだと仕事が早く安全に終えられる。クジラに苦痛を与えず、肉の損傷を最小限にと

捕鯨砲をかまえる砲手の平井智也（撮影：津田憲二）

どめられる。当たり所が悪いとクジラが暴れるから、危険をともなうし、時間もかかる。肉質も落ちてしまう」

砲手たちが追い求める、まさに理想のパンコロだった。

砲台で平井が右手を上げ、叫んだ。

「ライン、ゆっくりヒボい（ロープをゆっくり巻け）！」

力を失ったイワシクジラが第三勇新丸に徐々に引き寄せられた。

砲台に立ち甲板部員に指示を出す平井の姿に、砲手としての葛藤、クジラに対する真摯な姿勢、そして責任を果たした安堵がにじんでいる気がした。

捕鯨の現場の取材をはじめて、何頭の捕獲を目撃しただろうか。

残酷だと感じた一瞬がなかったわけではない。

ただ、クジラの死を目前にするたびに、動物の死の現場と、食べるために生き物を殺すという実感から遠ざかった現代社会について考えさせられた。

人工の培養肉だけで動物性タンパク質が代替できるようになれば、動物を殺さなくてもよくなるかもしれない。

だとしても、そうした未来が訪れるまでは、ひとつひとつの命の上に自分の生が立脚する事実を忘れてはならないのではないか。

捕鯨だけではない。私はこれまで狩猟や漁業、と畜、あるいはモンゴルの遊牧などの現場を取材してきた。そのたびに、動物の死への想像力を失った社会について考えさせられた。だから捕鯨の現場に立つ間は、一頭一頭の死から目を背けるわけにはいかなかった。

何よりも思った。数カ月も仲間とともに海原にクジラを追って、クジラの生と死に向き合う。砲手とは、仕事という枠組みを越えた、ひとつの生き方なのではないか、と。

人は、他者とも、自然環境や動物とも無関係には生きられない。すべての人が、他者や自然環境、動物と相互に作用し合って生きている。

平井は、砲手という生き方を通じて他者や自然環境、そしてクジラという野生動物とのかかわり方を示してくれたように思えたのである。

二〇二二年一〇月一四日七時二四分。北緯四二度三一分。東経一四四度四四分。

第三勇新丸は、一頭のイワシクジラを捕獲した。

最大級の捕獲

捕獲したクジラを左舷に抱きかかえるように固定する作業を「抱鯨（ほうげい）」と呼ぶ。

身長一八〇センチを超える大柄の船員が、尾びれにしがみつくように作業している。尋常ではない大きさのクジラだった。

それまで捕っていたニタリクジラの一・五倍、いや二倍はあるのではないか。

「これはヤバいな！」

自ら発見したクジラを前に感嘆を漏らす通信長の鈴木の隣では、若い乗組員たちが口々に驚きの声を上げる。

「やっぱりイワシはニタリとは違うな……」

「デケえ！」

「こんなの、はじめてじゃない？」

充足した笑みに、商業捕鯨に移行した事実を改めて認識した。

調査捕鯨では、どんなに小さくても最初に発見したクジラを捕獲するルールだった。大きいクジラばかり狙っていたら、クジラの性別や年齢、妊娠率などのデータに偏り（かたより）が出てしまうからだ。公正なデータをえるためにもランダムに捕獲しなければならなかった。

しかし商業捕鯨では大きく脂が乗ったクジラを探す。

捕鯨とは、食肉を生産するために、野生動物の命を奪う漁業である。ならば、生産性がより高い大きなクジラを捕りたい。それが漁師の本能だろう。

捕獲する一頭一頭が、日本の捕鯨という産業を、そして捕鯨船員と彼らの家族の生活を支える糧（かて）となる。巨大なクジラを前にした満足げな乗組員たち――その光景が、商業捕鯨への移行を雄弁に物語っていた。

やがて海の先に、日新丸の船影が見えてきた。

日新丸の船尾からブイが流された。第三勇新丸の甲板部員が、海に浮かぶブイを拾う。ブイには、日新丸のウインチから伸びるワイヤーがつけられている。甲板部員はクジラの尾びれの付け根に取り付けたスリング（リング状のロープ）にワイヤーを連結した。

キャプテンの合図とともに、クジラがワイヤーに引かれて波をかき分けながら日新丸へと向かっていく。

逆さまになったクジラは、日新丸の船尾に備えられた「スリップウェー」という傾斜を通り、デッキに引き揚げられる。

捕獲後の抱鯨に続く「渡鯨（とげい）」「揚鯨（ようげい）」という手順である。

捕獲したクジラの数だけ、抱鯨、渡鯨、揚鯨が行われる。ルーティーン化された単純な作業に見えるが、日新丸と第三勇新丸が同じコースを同じ速度で走りながら行う必要がある。

日新丸には、揚鯨ウインチを巻く「ウインチマン」がいる。髪の毛をピンクに染めたウインチマンは「ワイヤーが緩みすぎると引き揚げられないし、引っ張りすぎると尾羽（おば）（尾びれ）が切れてしまうこともある。しかもうねりや波の状態は毎回違う。なかなか難しいんですよ」と語っていた。

手順のひとつひとつに捕鯨ならではの技術が蓄積されていたのである。

揚鯨が無事に終わり、日新丸からクジラの正確なサイズが報告された。

一六メートル。三六トン。

商業捕鯨再開以来、いや調査捕鯨を含めても最大級のイワシクジラだった。

五〇人乗りの大型バスでも一〇メートル。一六メートルと言えば、東京メトロ銀座線の車両一両分に匹敵する体長である。

「いきなり最大級。砲台で照準を合わせたら、大きさが異常だったから一瞬、ナガス（クジラ）かと思った」

目前にした最大級のイワシクジラについて語った平井は、「完全に主観なんですが」と続ける。

「クジラって開拓団と似ているところがあると思うんですよ。新しいエサ場には、最初に大きなクジラが向かう。次にコマい（小さい）のがついて行く。大きなイワシ（クジラ）がいるってことは、これからイワシ（クジラ）が増えていくかもしれません」

平井の隣で女房役の片瀬が、水玉模様のコーヒーカップを片手に日新丸を感慨深げに眺めていた。

片瀬にとって仕事のなかで、もっとも充実感をえられる瞬間だ。誰もケガをせずに無事に捕れた。緊張からひととき解放されるのだ。

デッキの柵にもたれながら、平井と片瀬が快晴の海を見つめている。大仕事を終えた達成感とともに、互いの信頼が伝わるいい光景だった。

撮影しようと二人にレンズを向けた。カメラに先に気づいた片瀬が「てっぽうさんだけを撮ってください」という仕草でファインダーから外れようとした。そんな些細な配慮（はいりょ）にも、砲手を支える女房役としての気遣いと矜持（きょうじ）が感じられたのだった。

情熱の源泉

捕獲のたび、平井や片瀬の言葉を反芻(はんすう)した。

「捕鯨という仕事が面白い。好きだから飽きることなく続けられる」

そう話した平井に対して、片瀬はこう口にした。

「クジラを捕るなんて想像もしてなかったですけど、いまはクジラを見つけると目の色が変わりますからね」

表現こそ異なるが、二人の言葉には捕鯨という仕事に対する情熱が込められている。

調査捕鯨時代の乗船取材で三〇歳になったばかりの私が惹かれたのも、同世代の彼らが捕鯨にかける情熱だった。

情熱の源泉は何か。

そのヒントをくれたのが、第三勇新丸で通信長をつとめる鈴木である。

「乗組員それぞれに役割があって、ひとりひとりきちんとこなさなければ、クジラは捕れません。毎日、同じ仕事なのですが、毎回違うんです。波の高さ、風の強さ、クジラの動き。その状況に合わせて、ひとりひとりが自分の仕事を果たしていく。キャッチャーのみんなの動きがとても洗練されていて……。それがすごいなって」

太地(たいじ)の漁とはぜんぜん違った。

日本の古式捕鯨発祥の地である和歌山県太地町出身の鈴木とはじめて会ったのも、調査捕鯨時代の航海である。二四歳だった青年は、再会時に三九歳になっていた。

鈴木は丸顔に人なつっこい笑顔を浮かべた青年だったが、童顔のせいかその印象は年齢を経ても変わらない。

彼の思い出はいかにもクジラの町で生まれた少年らしい。太地では、いまもイルカの追い込み漁や突きん棒漁などの「捕鯨」が行われている。

小学六年生になると鈴木は、祖父が行うスジイルカの突きん棒漁を手伝った。突きん棒漁とは、船の先端に立った漁師が長い銛を用いて一突きで獲物を仕留める漁法だ。体長二メートル前後、一〇〇キロほどのイルカが、必死で暴れる。鈴木少年も「捕まえなきゃ」と無我夢中でイルカと相対した。残酷だとか、かわいそうだとか考える余裕はなかった。

大学を中退して太地に戻り、イルカの追い込み漁などを経験した頃に、知人の勧めで調査捕鯨にたずさわる。

キャッチャーボートに乗り込んで捕獲をはじめて体験した鈴木は、驚きで「すごい」という感嘆を漏らすしかなかった。

鈴木が太地で相手にしてきたイルカも鯨類だが、大きさが違う。自分とさほど年齢が変わらない若手もベテランに交って巨大なクジラを相手にしていた。

彼はイルカ漁という捕鯨の経験者である。クジラの捕獲がいかに難しいか身をもって知っていた。鈴木の驚きは強い実感をともなっていたのだろう。

二メートルのイルカなら少人数でも捕獲できるかもしれない。

しかし母船式捕鯨では、時には一六メートル、三〇トンを超す大物も相手にしなければならない。ひとりの力では絶対に立ち向かえない相手には、他者と協力するしかない。重要になるのが、信頼関係やチームワークだ。

それは陸の仕事でも同じだろう。ひとりの力には限界がある。限界を超えたいのなら、異なる特技や長所を持つ仲間と共働しなければならない。巨大な野生動物を相手にする捕鯨という仕事には、共働意識が根ざしているように感じるのだ。

キャッチャーボートの一七人は、各々があたかもひとつの身体を構成する部位でもあるかのように違和感なく、それぞれの役割を果たす。

だからかもしれない。ふだんひとりで行動する機会が多いフリーランスの私にとって、キャッチャーボートの仕事が美しく見え、魅力的に感じたのは。

はじめて捕獲の現場を目の当たりにした三〇歳の私も、鈴木が語ったキャッチャーボートの乗組員たちの洗練された動き、それを支える技術や互いに信頼し合う関係性に心を動かされたのだと、いまになって感じるのである。

鈴木は鯨探士となり、八年間の経験を積んだ。ときにはソナーを扱ってクジラの位置を砲手に伝えなければならない。

「未だに胃が痛くなりますよ。とくに変則的に動くクジラに鯨探機を使うときは……。みんな必死で探して、追尾してきたわけでしょう。ぼくが鯨探で失敗して見失うわけにはいきませんから」

ボースンの片瀬も、クジラの大きさを判定する瞬間は胃が痛くなると漏らしていた。平井も仲間の苦労を想像すると射撃時にプレッシャーを感じると語った。それは、キャッチャーボートに乗る一七人、母船で待つ九七人の期待に応えなければという責任を自覚するからだ。

鈴木は捕鯨の魅力についてこう語った。

「捕鯨って、感情が表に出ちゃう仕事なんですよ。喜怒哀楽がストレートに出るというか。ミスは命にかかわるので、怒るときには本気で怒りますし、若手がクジラを見たら先輩たちがちゃんと褒める。とくに新人が見つけたクジラは絶対に捕ってあげたいと思うんです。だって、自分が見つけたクジラを捕ってもらえれば、やりがいにつながりますから。はじめて見つけたクジラを捕獲してもらったら、初漁祝いでみんなで飲む……。誕生日もみんなでお祝いする。ぼくにとっては、キャッチャーボートの一体感が捕鯨を続ける面白さであり、この仕事を楽しいと感じて、好きになった理由なんじゃないかという気がします」

培われた絆

当初、一〇月八日から一週間ほどの予定だった第三勇新丸での取材は大幅に延びた。海が荒れ、日新丸に横付けできなかったからだ。キャッチャーボートでの一六日間で、私は九頭のニタリクジラと三頭のイワシクジラを捕らえる瞬間を見た。

日新丸から吊るされた竹かごに乗る直前、平井に呼び止められた。

「これ、お土産です。参考にしてください」

破ったメモ帳に、イラストや細やかな文字で、鯨肉の扱い方のメモ書きが記されていた。

クジラの冷凍肉は解凍が非常に難しい。短時間で解凍するとドリップと呼ばれるうまみを含んだ赤い液体がにじみ出て、味も食感も一気に落ちてしまう。

どうしたら自宅でもうまい状態で鯨肉を食べられるのか。

数日前に何気なく口にした疑問を、平井は覚えていてくれたのである。彼が鯨肉をカットする方法、保存の仕方、解凍する際の注意点をイラスト付きで記したメモだった。

キャッチャーボートで体験するひとつひとつが記憶を呼び起こす。

平井の「お土産」もそうだ。

二度目の航海で、私は勇新丸の見習い砲手だった平井と二人で酒を飲んだ。彼が用意したのは「獺祭」の一升瓶だった。いまでこそ全国的に知られる日本酒だが、当時はまだ蔵元がある山口県岩国市で愛される地域の銘酒だった。

二人で五合ほど飲んだだろうか。取材日誌を見返すと、平井と妻とのなれ初めや下関のおいしい居酒屋など、捕鯨とは無関係な事柄が殴り書きされていた。

はじめての「獺祭」の飲み口のよさも手伝って気分よく酔って、楽しい時間を過ごしたのは確かだった。

一四年前も平井は日新丸へ戻る私に「お土産」として半分ほど残った「獺祭」を手わたしてくれた。

食事中にそんな思い出を話すと平井は、「そんなことありましたっけ?」と笑った。

隣にいた鈴木もつられて笑った。

「てっぽうさん、やってること、いまとぜんぜん変わんないですね」

変わらないのは平井や鈴木の人柄だけではなかった。

調査から商業へと捕鯨の形は変わっても、巨大なクジラを捕るという行為は変わらない。クジラを探し、追い、撃つ。そして船をメンテナンスし、食事をつくる……。専門性を持つ個々が役割をまっとうし、互いを尊重するからこそ、チームワークは保たれる。

私の目には、チームで行う仕事の理想像のように映った。

彼らがクジラを追う歳月のなかで培ってきた仲間との絆は、捕鯨の形が変わったいまもキャッチャーボートに息づいていたのである。

四　大包丁と家族

クジラの滑り台

クジラの解体を捕鯨の現場では、「解剖」と呼ぶ。

キャッチャーボートが探し、捕らえたクジラは、捕鯨母船・日新丸へと引き渡される。船尾の「スリップウェー」を通って、日新丸のデッキに引き揚げられたクジラは、約五〇人からなる製造部の手により、解剖され、食肉に加工される。

製造部を率いるリーダーのひとりで、解剖の責任者が矢部基（やべもとき）だ。

矢部家ではスリップウェーを〝クジラの滑り台〟と呼んでいる。

船首に鎮座する捕鯨砲や、高さ一八メートルのトップマストがキャッチャーボートの象徴だとすれば、日新丸を捕鯨母船たらしめるのが、「クジラの滑り台」だ。

クジラの滑り台——そう表現したのが、妻の矢部美保（みほ）である。中学時代の同級生だった夫妻には三人の娘がいる。二〇二四年四月、横浜市の自宅近くのカフェで美保は語った。

「いま長女が一八歳で、次女が一六歳、一番下が一一歳です。上の二人が小さかった頃、日新丸を何回か見学しました。うちで傾斜をクジラの滑り台と教えていたからか、二人は『クジラ

捕鯨母船・日新丸の「クジラの滑り台」ことスリップウェー

の滑り台があるね』って傾斜を興味深そうにのぞきこんでいたんです」

クジラが滑り台を昇ると、解剖を担当する矢部たちに、いよいよ出番が回ってくる。

三〇メートルほどの日新丸のデッキに、体長一三・二メートルのニタリクジラが引き揚げられたのは、二〇二二年九月三〇日午前一〇時過ぎのことだった。

一三メートルといえば、四、五階建ての建物に相当する。それまでは広々としていた解剖デッキが一気に手狭に感じられた。右腹を下にして横たわった状態でも、胸びれの位置は、船員たちの背丈ほどもある。

流線型の鯨体は、シルバーの飛行船を想起させた。

ヒゲクジラの一種であるニタリクジラの口には、長さ六〇センチほどの板状のヒゲが、ブラシのように規則正しく何百枚も並んでいる。海水とともにエサを飲み込んだ後、エサだけを残し海水だけをはき出すフィルターの役目を果たすクジラヒゲだ。アゴから胸に向かって、四、五センチ幅の畝須という縦筋がいくつも走っている。真っ白な腹部は、銀色、灰色……と背側に向かうにつれて、徐々に黒味を増しながら墨色の背につながる。黒々と輝く背の分厚い皮にはタイヤのような堅い弾力があった。

刃渡り約五〇センチ、一三〇センチほどの柄を含めると一八〇センチを超える長刀のような包丁を手にした「大包丁」たちがクジラの周囲に集まってくる。

キャッチャーボートで、てっぽうさんが特別な存在なように、大包丁も仕事ぶりを見込まれた者だけが任される、捕鯨母船の花形である。

通信長の津田が彼らにカメラを向けた。

津田は、捕鯨をPRする写真の撮影も担当する。名刺には〈通信長兼鯨探士〉という肩書きとともに〈広報（船上カメラマン）〉も付け加えられている。

「大包丁の連中は、ホントいい顔で笑いますね」

津田がレンズを向けた大包丁が、矢部だった。

津田が撮りためた解剖の写真を見ると、矢部が被写体のカットが多い。矢部の包丁さばきを追った一枚一枚が、彼の技術が仲間に一目置かれた証だった。

中腰になった矢部が、二メートルはあろうかという尾びれのつけ根に大包丁の刃をそっとあてた。かと思うと力感のない大きな動きで、掬い上げるように一気に振り上げ、一刀で切断した。デッキが震動するほどの鈍い音が響く。尾びれだけで一八〇キロほどもあるのだ。

四人の大包丁が、背側と腹側に分かれて刃を操る。

矢部がクジラに乗った。もっとも技術を要する「背上がり」と呼ばれる工程だ。尾から頭部へ脊椎に沿って、確かな足取りで進みながら包丁を滑らせる。もちろん手すりや支えはない。揺れる船上で、彼が頼れるのは自らの両足とクジラを切り裂く大包丁の刃だけ。足運びにも、包丁さばきにもムダがない。クジラの脇腹に一直線に赤い筋が入り、真っ白な皮下脂肪が露わになる。

大包丁の助手である「ワイヤー引き」が、背側の切れ込みにフックをかけて、人差し指をクルクルと回して合図を送る。

「ヒボイ（ワイヤーを巻け）！　もうちょい、ヒボイ！」

デッキ上部に設置されたドラムが軋みながら回転し、ワイヤーをゆっくりと巻き上げた。ワイヤーがピンと張ると、真っ黒な背皮は、バリバリと樹皮を裂いたような音を立てて剝がれていく。腹側の真っ白な脂肪の下に隠れた赤肉が骨から外れると、大量の血液とともに内臓がこぼれ出し、糞便と胃液が混じった臭気が漂う。

くみ上げた海水で、血を洗い流しながら解剖が手際よく進んでいく。圧倒されるほど大きかったクジラが、たった一時間ほどで、背骨と頭骨を残すのみとなってしまった。

私は三度目となった二〇二二年の乗船でも、何十頭ものクジラの解剖を見た。

驚かされたのは、技術の再現性だ。

解剖を見たあと、過去の乗船時につけていた取材日誌をたびたび読み直した。過去の解剖との違いを確認するためだ。私は解剖をはじめて目にした驚きをこう綴っていた。

〈柄の長さが二メートルもある長刀のような巨大な包丁を振るう。彼らが「大包丁」だ。まず尾羽を切り落とす。四人の大包丁が、背側、腹側に分かれ、手際よく包丁を操る。背側の黒い皮を脊椎にそって、一直線に刃を入れると、厚い皮に隠れた白い脂肪の層と赤肉が露わになった。赤肉から立ち上る湯気が、ついさっきまで生きていた証だった。一時間も経たないうちに、解剖デッキには背骨と頭骨が残るだけとなった。解剖の手際の良さ、高度な技術に目を見張った〉

当時、まだ矢部は大包丁を持っていなかった。大包丁のメンバーはみな変わっている。私は以前の航海で記した解剖の手順と撮影した写真を見返し、いままさに矢部が扱う包丁さばきと重ね合わせた。

過去の記録と目の前で進む作業手順がぴたりと一致した気がした。観察に没頭していると、一五年前にタイムスリップしたような錯覚すら覚える。

生きたクジラが相手のキャッチャーボートでの作業は、イレギュラーな出来事が多発する。瞬時の対応力が必要とされる現場である。

十数年ぶりに解剖の手順を追って思った。いかに手際よくクジラを解体処理していくか。解剖は再現性を求められる職場なのだ、と。

再現性を高めているのが、大包丁のリーダーとなった矢部だったのである。

中学時代の言葉

一階の船室をノックすると、「はい」と矢部の低い声がした。

室内に入ると、矢部は大型テレビで『パイレーツ・オブ・カリビアン』のＤＶＤを観ながら缶ビールのサッポロ黒ラベルを飲んでいた。

小さなテーブルには乗船前に積み込んだウインナーやナゲット、枝豆、さきイカが並ぶ。二段ベッドが二つ。四人が寝起きできる部屋を二人で使用する。

この日、同居人は留守のようだった。壁にはグラビアアイドルのカレンダーがかけられていた。小型冷蔵庫には製造部員の誕生日が記された名簿が貼られている。仲間の誕生日を祝うためだ。矢部たちにとって、日新丸は職場でもあり、住まいでもある。

九七人が生活する日新丸の居住区は、五階建ての建物だと考えると想像しやすい。

最上階にはブリッジがあり、一階下には津田の持ち場である通信室や船長室、幹部船員の船室がある。階段を降りると日本鯨類研究所の調査員が使う鯨研準備室があり、次のフロアには食堂や医務室、一番下の一階には矢部たち製造部員が居住する船室が並ぶ。

一階は洗面器や歯ブラシ、小物が置かれた棚があったり、手すりにタオルが掛けられていたりして生活感が漂うエリアだ。

「この前にぜんぶしゃべったから、もう話すことないですよ」

矢部は照れくさそうに笑って黒ラベルを勧めてくれた。彼には、今回の三度目の乗船前に長時間のインタビューをしていたのである。

一九八三年生まれの矢部は、神奈川県の三崎（みさき）水産高校（現・海洋科学高等学校）を卒業後、カツオの一本釣りや定置網の漁師を経て、二〇〇四年に捕鯨船の人になる。

私が取材した二〇〇七年、二〇〇八年には入社四、五年目の若手で、三〇代前半だった大包丁のリーダーと同室だった。リーダーに話を聞くために何度か二人の船室を訪ねた。私とリーダーのために、酒を準備し、つまみを用意してくれたのが、矢部だった。

がっちりとした体格と彫りの深い顔立ちの矢部は、強面（こわもて）で無口なのだが、相手の言葉にしっかり耳を傾け、答えを返してくれる誠実な人物である。

十数年前、同室だったリーダーは、ずいぶん前に船を降りていた。彼の代わりに、矢部が解剖のリーダーとなって大包丁を振るっていると知り、意外に感じた。

すでに矢部も日新丸を降りたと思い込んでいたからだ。というのも、製造部はほかの部署よりも人の入れ替わりが激しい上、矢部が「いつまで続けるかわからない」と話していた記憶があったからだ。

矢部は日新丸に乗り込んだ時点で二一歳。彼はなぜ、捕鯨船を職場に選んだのだろうか。

「自分にとって、捕鯨は昔は相当お金になったというイメージくらいしかなかったんです。ちょうど漁船を降りたタイミングで、会社を紹介してもらって。知り合いの伝手（つて）で入社したから、最低でも三年は続けようとは思っていました。ただ妻が、自分が中学時代に『高校を出たら、将来捕鯨船に乗る』って話していたと言うんですよ。まったく記憶にはないんですが……」

美保は、中学時代の夫からどんな言葉を聞き、どう受け止めたのだろうか。彼女は二十数年前の記憶をたどる。

「確かあれは、学校が終わって一緒に帰っているときだったかな。『捕鯨船に乗る』というか『クジラを追って捕まえるんだ』って言っていたんですよね」

中学時代の美保は「捕鯨船」「クジラを追って捕まえる」と聞かされてもピンとこなかった。

「当時は『へえ、クジラを捕るってどんな仕事なんだろう』って受け流しただけでしたが、ホントに実現しちゃったんだなって思い出したんです」

記憶がないとはいえ、矢部は中学時代の希望を叶え、解剖のリーダーとして、代わりのいない存在になっていた。

私は「最低でも三年は続けようと思っていた」という矢部の言葉を、「いつまで続けるかわからない」と受け取ってしまったのかもしれない。思い違いを伝えると、矢部は「確かに、そんな話をした覚え、ありますね」と訥々（とつとつ）と続ける。

「捕鯨っていっても調査だと聞いていたので、そんなにキツい仕事ではないと甘く見ていました。でも、実際に乗ったら相当キツくて……。いままでの漁船とはすべてが違いました。すべてがデカい。クジラも船も包丁も、こんなにキツいのかって、びっくりしました」

辞めずに乗り続けた理由が、昔気質（むかしかたぎ）を自称する彼らしい。

「キツいから辞めようと逃げてばかりいたら、どんな仕事もつとまらないと思うんですよ。あとは仲間がいます。自分が辞めることでみんなに迷惑をかけるわけにはいきませんから」

何よりも、矢部を惹きつけたのが、はじめて見た大包丁の衝撃である。

新人時代の解剖の現場について想起した矢部は、感嘆をこぼした。

「大包丁の人たちが、もう本当にかっこよくて……」

六〇〇〇頭の経験

この仕事を続けよう。

矢部がそう思えた転機が、四年目の航海を終え、五年目に入るタイミングだった。私が乗船取材をした時期に、矢部は心情に変化があったと振り返る。

辞めていく先輩たちもたくさんいる反面、後輩や新人が続々と乗船する。そんな環境で矢部は技術が身についていく手応えをつかんでいた。独りよがりではないと確信できたのは、見習いではあったが、憧れだった大包丁を手にできたからだ。砲手にも見習い期間があるように、大包丁もまず見習いとして経験を積まねばならない。

ようやく念願の大包丁を手にしたものの、当初は苦労した。先輩たちは難なくさばいているように見えるのに、なぜか自分の包丁だけ切れ味が悪い。

「研いでも研いでも包丁が切れないんです。刃を寝かせて研ぐか、刃を立てるか、経験していくうちに自分に合った角度がわかってくるのですが、最初はぜんぜんわからなくて」

矢部が解剖の大包丁として正式に認められたのは、日新丸に乗ってから七年後の二〇一一年。以来一〇年以上にわたり、デッキのリーダーとしてクジラを解剖してきた。

いつも淡々と大包丁を振るっているように見える矢部だが、「自己満足なのかもしれないけど、キレイに早く解剖できるとうれしいというか……」とやりがいを口にした。

クジラは種類が同じだとしても、肉の付き方や硬直の仕方に個体差がある。

矢部によれば、切ったあとに「伸びる肉」と「縮む肉」があるらしい。伸びる肉とは弛緩する肉で、縮む肉とは収縮する肉だ。なかには切る前後で変わらない肉もある。

尾びれに刃を入れる大包丁の矢部基（撮影：津田憲二）

どんなに経験を積んだとしても見た目だけではわからない。一カ所切ってみて、包丁の入り方や硬さ、色合いなどを総合的に判断し、肉の性質に合わせて切るサイズを決める。肉の伸縮を考慮に入れて均一になるようにさばいた方が、解剖後の作業を請け負う仲間たちが楽になるからだ。

野生動物の肉質は、年齢や性別、生活した環境、季節、エサとなる生物や植物、捕獲の方法や状況によって大きく変わる。

　私は二〇年近く山形と新潟の県境にあるマタギ集落を取材しているが、同じツキノワグマでも個体によって肉の硬さや、味が違う。飼育環境やエサが一定に管理される家畜と野生動物は、別物なのだと感じたものだった。それは、クジラも同じなのだろう。

　矢部たちは個体による鯨肉の細微な違いにも対応できるスキルを持つ。解剖の再現性を可能とするのが、日新丸で過ごした十数年の歳月によって培われた大包丁たちの技術と観察眼なのである。

「同じクジラでも背中の肉は硬直しているのに、尾びれ近くには硬直がない場合もあります。クジラも十人十色というか、基準がない。解剖には答えがない難しさがある」

　中学時代に「捕鯨船に乗る」と言ってはいたが、矢部は、砲手の平井のように、捕鯨に強い憧れを抱いていたわけではなかった。通信長の津田や、第三勇新丸の甲板長の片瀬と同様に、たまたま紹介された職場が捕鯨船だった。

「自分は捕鯨には思い入れはなくて、仕事として続けてきたわけですけど……」

　言葉を切り、矢部は続ける。

「続けるうちにプライドを持てた気がします。それに、母船式捕鯨をやっているのは世界中でもうちだけ。世界にひとつだけの仕事にかかわれるのは純粋にスゴいことなのかな、と」

　饒舌（じょうぜつ）ではないが、ひとつひとつ選びながら口にする矢部の言葉には、経験に裏打ちされた説得力があった。

ふと気になって、こんな質問をした。これまで、何頭のクジラを解剖したのだろうか。

「いままで考えたこともなかったけど」

つぶやいた矢部は、指折り数えた。

「調査時代は一年間で、北（北西太平洋）でイワシが一〇〇頭、ニタリが五〇頭、マッコウが三頭、ミンクが一〇〇頭。南（南極海）でミンクが三三〇頭……。年間約六〇〇頭で、一〇年だから……六〇〇〇くらいですかね」

六〇〇〇――その数字は、かつて出会った乗船四年目の若手船員が、いつしか捕鯨のエキスパートになり、一五年にもわたり大包丁として捕鯨の現場を支えている事実を淡々と示していた。

小柄な大包丁

矢部は大包丁の使い方をこう解説する。

「解剖は身体が大きくて、体重が重い方が有利なんですよ。とくにイワシ（クジラ）の硬い皮は、体重を乗せないと切りにくい」

六〇〇〇頭の経験が矢部の解剖を形作ったのだろう。矢部の大包丁の「型」には、大柄な体格を活かしたどっしりと落ち着いたかまえと、ムダのない繊細な所作が違和感なく共存していた。

「その点で身体の小さい富田（とみた）は不利ではあるんですけど、自分なりのやり方を見つけているんだと思いますよ」

矢部は、もうひとりの解剖の大包丁である富田隆博（たかひろ）をそう評した。富田は矢部より二歳年下の一九八五年生まれの船員である。

身長一七二センチ、体重八二キロの矢部に対し、富田は一六一センチ、六〇キロ程度の小柄な体格である。イワシクジラなら、横たわった状態でも体高は一六〇センチから二〇〇センチになる。富田の前には、常に自らの背丈を上回るクジラが立ちはだかるのだ。

矢部と富田。二人の大包丁の「型」の違いが、顕著にあらわれるのが「背上がり」だ。

クジラの背の上を、矢部はやや腰を落としながら安定感がある足取りで進んでいく。まるで足の裏に吸盤がついているかと思うほどの安定感だ。

対して富田は、身軽さを活かして機敏な足取りでクジラの背に上がると、力感なくスマートに大包丁を使う。クジラの背から降りる際はデッキにつけた大包丁の刃先を支えにして、ふわりと飛び降りる。安定感がある矢部の動きとは異なり、思わずこちらがひやりとするほど身ごなしが軽く柔らかい。二人の「型」の対比を、私は飽きもせず見ていた。

富田は自身の型についてこう説明してくれた。

「クジラって骨の位置や肉の硬さが一頭一頭違うんですよ。だからこうすればこう切れるっていう正解がないんです。正解がないということは身体が小さい自分なりのやり方もあるのかな、と。ただ大包丁になってもう一〇年ですけど、ぜんぜん自信を持てない。いまも刃を入れる角度とか、刃の研ぎ方はいろいろと試しているんですけどね」

大包丁にもセオリーや基本の型はある。しかし経験を重ねるなかで、自分に合ったやり方が身体に馴染んでくるのだろう。それはクジラの解剖だけではないはずだ。

スポーツ選手も自分に合ったフォームを身につける。営業マンも経験を積めば自分が得意とするスタイルが見つかるだろう。私たちフリーライターも同じかもしれない。ひとつの仕事を長く続ければ、仕事のやり方に自ずと個性が映し出されるのである。

「背上がり」を行う大包丁の富田隆博(撮影:津田憲二)

「この船に乗ったばかりの頃から、大包丁を持ってみたいというのはあったかな」

富田は新人時代を回顧しながら「うん」とかつての気持ちを確かめるようにうなずいた。

「昔の大包丁ってみんな身体が大きかったでしょう。自分ができるのかなって不安もありましたけど……憧れはあったかな」

彼が言うように、私が知る調査捕鯨時代の大包丁はみな体格がよかった。一九〇センチの野武士のような風貌の若い大包丁、元ラグビー部員だった一八〇センチのリーダー、九〇キロを優に超えるがっしりとした青年もいた。

しかし彼らはもう日新丸には残っていない。かつて私が知り合った大包丁たちと比べても富田は一際小柄だった。

気の強そうな精悍（せいかん）な少年——調査時代に出会った富田の印象である。

当時すでに二二歳だったが、少年という印象が残っている。それは童顔で身体が小さかったからだけではない。

彼は中学を卒業するとすぐに東シナ海や済州（チェジュ）島沖で操業する巻き網漁船に乗った。しかし会社が倒産してしまう。一六歳だった富田は知人の伝手をたどり、二〇〇一年に共同船舶に入社する。高卒船員が増えていたなかでも、乗船時の年齢がとりわけ若かった。

かつて富田に仕事を続ける理由について聞いた覚えがある。若者らしい照れ隠しなのか、シンプルな答えをぶっきらぼうに返した。

「嫁さんができたから」

彼が結婚したのは二〇〇八年五月。ある意味ではクジラが結んでくれた縁だった。

前年、北西太平洋を航海中、彼は腹痛を起こす。盲腸だった。日新丸に船医はいるが、開腹手術ができる設備はない。数日かけて最寄りの釧路（くしろ）港に戻り、都内の病院に運ばれた。搬送先で看護師として働いていたのが、のちに妻となる女性だった。

結婚後、富田は妻の実家が近い東京都内に家を購入する。いまや富田は二児の父だ。調査時代、冬は南極海の、夏は北西太平洋の洋上で働く富田にとって、近所に暮らす義理の父母の存在は心強かったに違いない。

富田の船室で開かれる飲み会では、妻とのなれ初めや持ち家の話題が決まって上った。同僚や後輩に冷やかされつつも、まんざらでもない様子で言葉少なに酒を飲む富田に、私は十数年前と同じ質問をしてみた。

なぜこの仕事を続けているのか。

富田は「うーん」とつかの間、考え込んだ。

「いま大包丁がいなくなると、クジラの解剖ができなくて現場のみんなが困るからですね」

取り繕ったような答えのあとに、富田は本音をのぞかせる。

「調査時代は南（南極海）と北（北西太平洋）があったでしょう。まとまった金を稼げる仕事って、ほかになかったんですよ。それに、オレは中学までしか出ていないから、この船を降りたらほかに行くところがあるかどうかわかりませんし……」

矢部や富田が日新丸に乗り込んでおよそ二〇年が経つ。

その間、たくさんの人が日新丸に乗り、同じくらいの数の仲間が去った。それでも二人は、いまもクジラと向き合い続ける。

矢部や富田の思いを知り、彼らが仕事を続ける理由がわかった気がした。

矢部と富田は、若き日に憧れた大包丁を手にできた。それは、日々の取り組みや技術を高める工夫が、上司や先輩に認められたことを意味していた。そしていま自分を必要としてくれる仲間や後輩がいる。

何より彼らは陸から遠く離れた洋上で、家族の存在を確かに感じながらクジラを追っていた。海の仕事はただでさえ危険をともなう。その上、調査時代は反捕鯨団体による過激な妨害活動にさらされた。無事を願って陸で帰りを待つ家族は、気が気でなかったに違いない。

家族の存在

船員の家族の思いを聞いてみたい。そう思ったのは、私自身の変化も大きかった。日新丸に乗船する二カ月前の二〇二二年七月、私は第一子の男児をえた。生まれたばかりの子どもに二カ月も会えないのは不安だった。

しかし商業捕鯨取材は二年ほど前からの計画だった。共同船舶の担当者の計らいで、妻の出産後の九月から乗船できるよう調整してもらったのである。

子どもと別れる日、複雑な感情が去来した。

ようやく笑顔を見せ、手足を動かすようになった乳飲み子の成長に立ち会えない寂しさ、不測の事態が起きてもすぐには帰宅できない不安を抱えながらも、慣れない育児から離れて久しぶりの長期取材に集中できる高揚感を覚えた。同時に、妻と義父母に子どもを押し付けるような後ろめたさも感じた。

航海を続ける船員たちも似たような思いを抱き、陸を離れるのだろうか。

雑談や酒席で何度も耳にした出港前の家族との別れについて、彼らと家族の関係に少しだけ思いを馳せられた気がしたのである。

日新丸に乗船した直後、矢部は私の事情に共感してくれた。

「うちの会社はみんなそうです。この船に乗っていると生まれたばかりの新生児には会えないんですよ。自分のときはまだ日新丸ではラインが使えずに衛星電話だけでしたから、嫁さんが写真の容量を小さくして送ってくれました。自分もチビ（三女）にはじめて会ったときには、生後三カ月で首が据わっていましたから」

美保から送られた子どもの写真を南極海で受信した矢部は、〈よくやった〉と無口な彼らしくぶっきらぼうな労（ねぎら）いの返事を送った。

夫からのメールを受け取った美保は「無事で本当によかった」と胸をなで下ろした。美保は、海上で妨害活動を受ける夫の無事を祈りながら、出産に臨んでいたのである。

出産の三カ月後、美保は生まれたばかりの娘を連れて、夫を新横浜駅に迎えに行った。しかし矢部はベビーカーに乗った乳児を不安そうにしばらく見つめるだけで、触れようとしない。

「いい加減、抱っこしたら」

美保が促すと、矢部は恐る恐る抱き上げた。

「どうしたらいいかわからなかったんで……」

三女をはじめて抱き上げた記憶がよみがえったのか、矢部の口調には鯨肉の生産を指揮するリーダーらしからぬ当惑がにじんでいた。

二〇二二年の乗船時、日新丸では通信環境が整備され、ラインを用いたメッセージのやりとりこそできるようになったが、画像や動画の送受信はもちろんビデオ通話もできなかった。それが若い船員には不評だったようだ。しかし矢部はまったく苦にならないという。

「いまは娘たちも大分大きくなったし、自分は昔気質のアナログ人間なんで、家族とラインさえできれば大丈夫ですね。そりゃ家族と会えないのは寂しいと感じることもあるけど、船に乗って、クジラを解剖するのが、自分たちの仕事なわけですから」

調査時代、日新丸は一二月上旬に下関港を出港し、南極海を目指した。秋が深まると、矢部は見送りの家族とともに日新丸に乗り込むために自宅近くの新横浜駅に向かった。

ホームに発車を知らせるベルが鳴り、新線線がゆっくりと動き出す。

幼い三姉妹は「バイバイ」と千切れんばかりに手を振り、父を乗せた新幹線を泣きながら追いかける。「危険ですので、点字ブロックより後ろへ下がってください」という駅員のアナウンスが決まって流れた。美保が苦笑いする。

「何度アナウンスされたかわかりません。主人を送ったあとは、娘たちは帰りの自動車のなかで泣き疲れて寝てしまうこともよくありました。少し大きくなったら『泣いたらお父さんが一番、つらいんだよ』と教えると、涙をためながらガマンするようになって。いま下の子が小六になって、ようやく泣かなくなりました」

航海は翌年の三月まで。姉妹は、約五カ月も大好きな父親と離れればなれになってしまう。彼女たちは寂しさに耐えるしかなかった。

帰りを待つ妻と幼い娘たちの心の支えとなったのも、また家族だった。

「主人のおじいさんも遠洋の船乗りだったんです。おじいさんは亡くなってしまいましたけど、おばあさんは家で帰りを待つ私たちの気持ちをわかってくれた。『最初の一カ月は寂しいけど、二カ月経つと慣れてくるものよ』とか、『子どももいるし、仕事もしているんだから、心配で悩んでいるよりも前向きにしていくしかないんだよ』とか……。あと、泣いている娘に、『今度、港に船が入ったら、お父さんに会いに行こう』と声をかけてくれました。そんな一言一言が本当に心強かった」

美保は「それに」と笑った。

「子どもが三人いたから、待っている時間が苦にならなかったのかもしれません。三人いれば、何かしら思いもよらないことが起きますから」

涙の理由

陸に残された家族は、反捕鯨団体による妨害活動をどのように受け止めていたのだろうか。

シーシェパードが矢部たちが乗り込む調査捕鯨船団に妨害を繰り返したのが、二〇〇七年から二〇一六年にかけて。毎年冬に妨害活動はニュース番組で取り上げられた。

美保は不安と怒りを素直に口にした。

「怖かったです。映像を見たら、海賊みたいだし。毎年毎年、いい加減もうやめてほしいと思っていました。私の職場で働くおじいちゃんたちも、一緒になって怒ってくれたり、心配してくれたりして……」

いったん間を置いて彼女は「私自身は、万が一の覚悟をして、主人を送り出していましたけど……」と続けた。

「主人が……いえ、主人だけではなく船のみんなが無事に帰ってくるように、私には祈ることしかできなかったんです」

妨害活動の終盤、長女は一〇歳、次女は八歳になっていた。二歳だった三女とは違い、二人には記憶が残っているだろう。美保は言う。

「もちろんお父さんと離れるのが、寂しかったとは思うんです。でも、見送りで毎回大泣きした理由は、それだけではなかったのかもしれません。上の二人は、ニュースを見てなんとなく知っていたのかなって。お父さんたちの船が妨害活動を受けていることを――。それに、日新丸では火災や事故で人が亡くなっていますよね。危険な現場だというのは、娘たちにも伝わっていたんじゃないかと思います。私自身にとっても、ちょっとそこまで出張に行く夫を送り出すのとはわけが違いましたから」

しかも衝突の現場は遠く離れた南極海だ。通信長である津田の妻、玲の思いからはもどかしさが伝わってきた。

「主人が誇りを持って、捕鯨という仕事に打ち込んでいるのを私も知っていますから。妨害がなくなり、安心して安全に仕事ができる状況になってほしい……。私には、そう思うことしかできませんでした」

なぜ、日本の捕鯨は批判にさらされねばならなかったのか。

妨害活動が活発化したのは二〇〇〇年代に入ってからだが、振り返れば一九七〇年代以降、日本は逆風のなか捕鯨を続けてきた。母船式捕鯨という産業は、いつ潰えてもおかしくないと思われていた。

しかし、令和のいまも母船式捕鯨は産業として、命脈を保っている。それは「技」と「知」という産業の両輪を維持できたからではないか。船員たちの「技」に対して、調査によってえられた科学的なデータを研究者たちが分析した知識の蓄積が「知」である。

母船式捕鯨の「技」をになうのが、矢部や平井、津田たち現場の船員たちだ。しかし「技」だけでは産業は成立しない。「知」は、産業の有用性を示し、批判に抗する手段となる。また「知」は、産業の暴走を抑え、「技」のより効果的な用い方を示唆する。

世界で唯一となった母船式捕鯨の「技」をつなげたのは、研究者たちが「知」の蓄積をあきらめなかったからにほかならない。彼らは批判を浴びる捕鯨の正当性を科学的に証明し、国際会議の場などで訴え続けた。

日本の捕鯨の「知」を支えた鯨類学者こそが、大隅清治だったのだ。

第二章 論争の航跡

五　科学と政治のはざまで――クジラ博士の苦悩

クジラ博士の遺志

寝室に置かれた本棚が、持ち主の衰えぬ好奇心を示していた。

明治二九年（一八九六年）に大日本水産会が編纂した『捕鯨志』やアメリカの捕鯨史を網羅した五七〇ページにものぼる大著『クジラとアメリカ』、『日本水産百年史』、座礁や混獲した鯨類への対処法を記した冊子などの専門分野のほか、東京国立博物館で開催された縄文展の図録や金子みすゞの詩集、ノーベル賞学者たちの評伝、パソコンの入門書なども並んでいた。

一冊を手に取った私に、東北大学副学長の大隅典子は話しかけた。

「父は、本当に本が好きで、図書館からもたくさん借りていたんですよ」

ちょうど棚から抜いた『海の道　海の民』の裏表紙には、図書館の除籍本となったことを示す〈リサイクル資料　新宿区立図書館〉というラベルが貼られていた。

ここが先生の部屋か……。

質素でありながら、亡くなるまで進取の精神を失わなかった「先生」らしい部屋だった。

部屋の主は、いまは亡き鯨類学の泰斗、大隅清治。

世界の鯨類研究をリードした「クジラ博士」である。

大隅が鯨類学を志したのは、戦後の商業捕鯨全盛期だった一九五一年。日本が国際捕鯨委員会（ＩＷＣ）に加盟した年である。以後、一九六七年から二〇〇五年までＩＷＣの年次会議に三九回連続で参加する。一線を退いたあとも各国の研究者が構成するＩＷＣ内の科学委員会に断続的に出席した。

その間、日本の捕鯨は、複雑な航路をたどった。

曲がりくねった航跡は、ＩＷＣの方針転換の痕跡であり、ときに強引に舵を切った証だった。激しく波立つ鯨類論争の最前線で踏ん張ってきた大隅は、二〇一九年に八九歳で逝去する。奇しくも、日本がＩＷＣを脱退し、商業捕鯨が再開した年だった。

大隅が亡くなるまで暮らした新宿駅近くのマンションの一室を訪ねたのは、日新丸を降りてから三カ月が過ぎた二〇二三年二月半ばのことだった。娘の典子が、遺品を整理するので気に入った書籍があればもらってほしいと声をかけてくれたのである。

蔵書のほとんどは、生前の大隅が理事長や顧問などを歴任した日本鯨類研究所や、同じく名誉館長をつとめた和歌山県

鯨類学の泰斗・大隅清治（提供：日本鯨類研究所）

の太地町立くじらの博物館に寄贈したという。それでも自宅には多くの書籍が残っていた。大隅の存在がなければ、私が日新丸に三度も乗船し、令和の商業捕鯨を取材することはなかったはずだ。

先述したが、私が七六歳だった大隅と出会ったのは、二〇〇六年のことだ。それから亡くなるまでの一三年間、捕鯨やクジラというテーマの枠組みを越えた薫陶を受けてきた。

大隅が一貫して語り続けたのが、持続可能な産業としての捕鯨の意義であり、そのために不可欠なクジラの生態や生息数の把握だった。かつて大隅はこう語っていた。

「我々の仕事は、環境の変化なども踏まえながらクジラという生物資源を解析することでした。私たちはクジラの資源量を適正な水準に保ちつつ、クジラという動物が持つ回復力をうまく引き出すための研究に取り組んできました。そのためには、クジラの総数や生態、環境状況、海の生態系……。多くの情報が必要になるわけです」

そして彼は自戒を込めた。

「ただ、クジラについてほとんどわからなかった。商業捕鯨時代ですから捕鯨会社はできるだけ多くのクジラを捕りたい。そんな捕鯨会社に対して、我々はクジラの管理について自信を持って口を出せなかったのです。クジラの資源量の減少について、国や捕鯨会社ばかりが非難されますが……。我々科学者の知識不足が、クジラ資源を減らした原因だったんです」

大隅は晩年までそう悔いた。そして願い続けた商業捕鯨の再開を見届けて生涯を終える。亡くなる数年前、大隅はこう話していた。

「最後にＩＷＣの歴史を記録しておきたいなと考えているんです」

ＩＷＣの歴史は、大隅の鯨類学者としての足跡でもあった。

戦後日本の食料難を支えた

大隅と鯨類研究との出合い、そしてＩＷＣ発足は戦後という時代を抜きには語れない。

一九世紀、捕鯨はアメリカの主要産業のひとつだった。マッコウクジラの脂が街灯の燃料や、機械の潤滑油、石けん、灯油などに用いられ、高値で取引されたのである。

アメリカの捕鯨船の多くが、極東の漁場――「ジャパン・グラウンド」と呼ばれた太平洋の日本近海を目指した。

当時のアメリカ捕鯨を描いた古典文学である、ハーマン・メルヴィルの『白鯨（はくげい）』の舞台もジャパン・グラウンドだ。モビィ・ディックと名付けられた白いマッコウクジラが生息する海域は、私が日新丸船団とともに航海した三陸沿岸から北西太平洋もふくまれる。

やがて漁場は、より資源が豊富な南極海へと移る。

一九〇四年にノルウェーが南極海に進出すると各国の捕鯨船団があとに続く。日本が南極海に乗り出したのは、ノルウェーに後れること三〇年。一九三四年のことだった。

第二次世界大戦時の中断を経て、終戦翌年の一九四六年から日本は、食料難の解消のために南極海での商業捕鯨を再開する。日本から二船団が南極海を目指したほか、ノルウェー、イギリス、南アフリカ、オランダ、ソ連が船団を派遣した。

大隅が群馬県伊勢崎(いせさき)市で生まれたのは、日本が南極海捕鯨を開始する四年前の一九三〇年。自身の出自に話題がおよぶと、大らかな口ぶりで決まってこう語った。

「私はね、海なし県の群馬の出身なんですよ」

「昭和恐慌の年に生まれたんです」

昭和恐慌といえば、東北や長野県の農村の困窮が知られるが、群馬県も大きな影響を受ける。基幹産業の織物と生糸の主な輸出先が、恐慌の発端となったアメリカだったからだ。輸出ができなくなり、とくに養蚕(ようさん)が盛んだった伊勢崎は深刻な打撃を受けた。

大隅が二歳の頃に父が病気で急逝したために、生活は逼迫(ひっぱく)した。大隅の母はタバコや駄菓子を売る商店を営む傍(かたわ)ら、絣(かすり)の絹織物「伊勢崎銘仙(めいせん)」の機(はた)を織り、子どもたちを養った。

幼少期に体験した貧しさは、大隅の職業選択に影響を与えたのではないだろうか。

母を支えるためにも、大隅は義務教育を終えると働かざるをえないと覚悟していた。しかし成績優秀だった大隅の将来を案じた姉夫婦が、養子になるという条件で旧制中学である前橋中学校への進学を援助する。

「私は軍国少年だったんですよ」

これも大隅が少年時代を懐古する際の決まり文句だ。

旧制前橋中学校は、真珠湾攻撃で戦死した九軍神(きゅうぐんしん)のひとり岩佐直治(いわさなおじ)の母校だった。軍事色に強い校風に染まった大隅は、一九四五年四月に将校を育成する陸軍幼年学校に合格する。日本の敗戦はその四カ月後のことである。

旧制前橋中学校に復学し、卒業した大隅は、旧制新潟高校（現・新潟大学）に進学する。ところが、ＧＨＱの指導によって導入された一九四七年の学制改革のもと、再度入学試験を受けることになった。東京大学教養学部理科Ⅱ類と新潟大学医学部を受験し、合格する。新潟に残れば、医師としての道が拓けていた。一方で、上京して東京大学に進めば、成績次第で農学部、生物学、医学部などを選べる可能性があった。大隅は迷った末に、職業選択の幅が広がる東京大学を選ぶ。

「終戦間もなくて、食料が極めて不足していた時代でしたから、食料増産にたずさわろうと農学部を選んだんです」

食料難への切実な危機意識が、大隅の鯨類研究の原点にあった。

終戦後の日本は東京だけで一〇万人から数十万人の餓死者が出るといわれていた。

一九五一年、二一歳の大隅青年は、恩師にアルバイト先として鯨類研究所（現・日本鯨類研究所）を紹介され、鯨類研究者としての一歩を踏み出した。鯨類研究所は、一九四七年にクジラ資源の調査研究と捕鯨操業の取り締まり強化を目的に大洋漁業（現・マルハニチロ）の支援を受けて発足した民間の組織である。鯨類研究所でアルバイトするまでの大隅にとって、クジラとの接点は、大学の寮で食べた一杯一五円のクジラシチューだけだった。

戦後の日本人にとって鯨肉はどんな存在だったのか。

一九四三年生まれの発酵学者・小泉武夫も、まさに戦後の食料難時代に少年期を過ごしたひとりだ。幼少期、牛肉や豚肉を食べた記憶はほとんどないが、クジラの竜田揚げやクジラカツ、クジラカレー、クジラ焼き肉などをよく食べたと振り返る。

「私のふるさとである福島県小名浜（現・いわき市小名浜）の漁港には、クジラやイルカがよく揚がっていました。なぜか八百屋でクジラやイルカの肉が売られていたのを覚えています。木製のリンゴ箱に大きな鯨肉のブロックが置いてある。そこに、ドリップがボタボタ出ててね……。思い出すだけで、いまもヨダレが出てきます。私もクジラに救われた世代なんです」

　クジラを食べたのは海辺の町だけではなかった。同じ福島県内の会津地方や、長野県の飯山などでもクジラは貴重なタンパク源となっていた。

「雪国の人たちは冬になると農作業ができなくなる。働き口を求めて、出稼ぎで捕鯨船に乗った人が大勢いました。船を下りると、お土産にたくさんの鯨肉を持ってふるさとに帰る。それを塩蔵して、大切に保管し、クジラ汁なんかにしてみんなで食べた。だから昔は、東北や長野のあちこちに、クジラ集落と呼ばれた村があったんです」

　捕鯨産業は急成長し、出稼ぎの船乗りを乗船させるほど人手不足に陥っていたのである。

　南極海捕鯨再開から一〇年が過ぎた一九五六年には、日本だけで計五船団が南極海で操業した。一九六〇年には捕獲頭数世界一位だったノルウェーを抜き、世界一に躍り出る。この時期は、日本からは七船団が南極海のクジラを追った。小泉が続ける。

「昭和二〇年代から三〇年代（一九四五年から一九六四年頃）の食料難時代、優れた栄養価を持つ鯨肉は、学校給食で多く食べられました。昭和二二年（一九四七年）における日本の動物性タンパク質のうち、鯨肉が占める割合は四八％。戦後の日本人はクジラによって救われたといっても過言ではありません」

終戦から一九六〇年代にかけては日本の商業捕鯨全盛期であり、国民ひとり当たりに供給された鯨肉量は、牛肉、鶏肉を上回った。ピークだった一九六二年には、年間に食べた鯨肉は国民ひとり当たり二・四キロ。一・二キロだった牛肉や、一・〇キロだった鶏肉の倍を上回る量である。

クジラが、戦後の食料難を救って高度経済成長を支えたのは事実なのだろう。

しかし代償は大きかった。

乱獲の代償

日本をふくむ世界各国の捕鯨船団の急増が何をもたらしたか。

クジラの乱獲である。

乱獲のトバロに立った一九四八年に発足したのが、ＩＷＣだ。国際捕鯨取締条約の執行機関として、その前文にある〈鯨族の適当な保存を図つて捕鯨産業の秩序ある発展〉が設立の目的だった。

ＩＷＣはのちに反捕鯨の旗色を鮮明にしていくが、発足間もない頃は、ずさんな管理によって乱獲を招く原因をつくった。

象徴するのが、南極海捕鯨で採用された「シロナガス換算」と、「オリンピック方式」と呼ばれた捕獲方式である。

シロナガス換算とは、南極海全体で年間のヒゲクジラ類の総捕獲量を、シロナガスクジラ一万六〇〇〇頭分と定めたルールだ。シロナガスクジラは体長三〇メートル以上に成長する地球上最大の動物である。ナガスクジラなら二頭、ザトウクジラなら二・五頭、イワシクジラなら六頭で、シロナガスクジラ一頭と換算した。

乱獲に拍車をかけたのが、早い者勝ちのオリンピック方式と呼ばれる捕獲競争だった。各国の船団はシロナガスクジラ一万六〇〇〇頭分を効率よく捕獲するために、大型のクジラを片っ端から捕っていった。

ＩＷＣ発足前の一九四四年に国際捕鯨会議でシロナガスクジラ一万六〇〇〇頭分と定められた捕鯨枠は、資源数の減少にともなって一九五三年に一万五五〇〇頭分、一九五六年に一万四五〇〇頭分と徐々に縮小されたが、これが大型のクジラの生息数を減らす原因となった。乱獲前、南極海に約二五万頭はいたとされるシロナガスクジラが、一九六〇年代にはたったの四〇〇頭に減ってしまうほどだった。

それで捕鯨が持続できるわけがない。捕鯨という産業の墓穴を掘ったオリンピック方式は一九五九年に、シロナガス換算は一九七二年に廃止される。

「我々科学者の知識不足が、クジラ資源を減らした原因だった」

最晩年まで大隅が悔やんだ「知識不足」とは、クジラの資源としての解明や、資源を管理する方法の確立が後れたことだろう。

クジラ資源の管理とは何か。

大隅は〝間引き〟という言葉を使って解説してくれた。

「クジラに限らず生物資源は間引くと回復します。もちろん間引きすぎると資源量は減り、やがて絶滅してしまいます。歴史を振り返ってみると、クジラの資源量にダメージを与えたのは、人間をのぞけば、氷河期くらいです。それほどクジラ資源は、環境の変化に強い。私がクジラに惹かれた理由のひとつが資源としてのたくましさです」

再生産能力がある生物資源の活用は、持続可能な社会を目指す現代に合った考え方だと大隅は何度も話していた。適正な〝間引き〟こそが、生物資源の管理なのだ、と。

さらに大隅は踏み込んで説明を加えてくれた。

生物資源学では、その環境で生息できる個体数の限界を「キャリング・キャパシティ」と呼ぶ。その海域では何頭までクジラを育めるのか、自然環境の収容能力と言い換えられる。

たとえば、一〇〇頭のクジラが生息できる海域があったとする。その海域に五〇頭しかいなければ、一頭あたりにエサが豊富に行きわたる。栄養状態がよくなれば、繁殖力が増してキャリング・キャパシティである一〇〇頭前後にまで増加する。

もし限界を超えて一五〇頭にまで増加したとする。一頭あたりのエサが減り、栄養状態が劣悪になる。結果、病気などになり、一〇〇頭前後に戻る。自然環境が変化してキャリング・キャパシティが変わらない限り、個体数の増加と減少がつり合って一定の数を保つ。

クジラを資源として管理するには、生態、生息数だけでなく、生息する海域の環境など数多くの情報が必要となる。

とくに個体の年齢がわからなければ、寿命も、繁殖に適した時期もわからない。資源管理の基礎となるクジラの年齢査定に、先駆的に取り組んだのが大隅だった。

クジラの年齢査定

遺品のなかに『鯨類・鰭脚類』という一冊がある。刊行は一九六五年。何度も繰り返し読んだのだろう。箱入りの豪華本だったらしいが、すでに箱はなく、もとは青色だったと思われる表紙は陽に焼けて黄ばみ、いくつもの染みがついていた。

著者の西脇昌治は、「日本の海獣研究の父」と呼ばれた研究者だ。大隅は、一五歳年上の一九一五年生まれの西脇を師と仰いだ。

「大隅さんの口から尊敬している人物として唯一挙がった名が、西脇先生でした」

そう語るのは、日本鯨類研究所顧問の加藤秀弘である。東京海洋大学名誉教授でもある加藤は、大型のクジラの資源や生態をテーマとする大隅の後継者と呼べる研究者だ。

クジラの年齢を算出する研究は一九二〇年代からはじまっていた。一九四〇年代、西脇はハクジラ類に分類される小型鯨類のバンドウイルカの年齢査定に取り組んだ。

しかし、大型のクジラの年齢査定方法は、一九五〇年代になっても研究が進んでいなかった。クジラ資源の回復力を引き出して持続的に利用するにしても、保護するにしても、その前提となる年齢を把握する方法すらなかったのである。

西脇の研究を引き継いだ大隅は、大型のクジラの年齢査定の確立を試みた。大隅の研究チームはまず、一九六三年にバンドウイルカと同じハクジラ類のマッコウクジラの年齢査定方法を確立する。マッコウクジラは、捕鯨国が鯨油を目的として乱獲した種だった。

マッコウクジラは、下あごにしか歯が生えていないように見える。下あごの歯はイカや魚などを食べたり、クジラ同士の戦いでも使ったりして摩耗（まもう）するために、分析しても年齢はわからないとされていた。そこで大隅は、世界ではじめて上あごの歯茎に埋まった歯に着目した。

彼は捕鯨業者に協力を依頼し、上あごの歯を採取し、歯を削って年輪のような層を読み取ることにより、年齢の査定に成功する。

クジラは、歯がある種のハクジラ類と、歯の代わりに板状の硬い歯茎であるクジラヒゲが櫛（くし）のように並ぶヒゲクジラ類の二つに分類される。ハクジラ類に分類されるマッコウクジラに続き、大隅はヒゲクジラ類の年齢査定にも着手した。年齢査定がはじまった当初、クジラヒゲの表面の凹凸（おうとつ）を調べ、年齢を割り出そうとした。だが、クジラヒゲは人間のツメのように、伸びると先端から欠けていく。五歳くらいまでなら年齢が確認できたが、その先はヒゲが摩耗して年齢がわからない。

そこで各国の研究者たちは、ヒゲクジラ類の耳垢（あか）である耳垢栓（じこうせん）に注目し、耳垢栓の断面の縞模様から年齢を測定しようとした。縞模様が年間何本増えるのかで意見が分かれるなか、論争に決着をつけたのが大隅だった。資源量が減少していたナガスクジラの行動や生態を観察し、耳垢栓を分析した。

一九六四年、大隅は従来の六カ月を周期とする説を否定し、ナガスクジラの耳垢栓の層は一年にひとつずつ増えていくという論文を発表した。やがて大隅が主張した説は、鯨類学界の主流となる。

加藤は、大隅の研究についてこう評する。

「最大の功績がナガスクジラの耳垢の成長層を明らかにしたこと。次がマッコウクジラが持つ社会性の解明。大隅さんは着眼点がよく、すばらしいアイディアを持っていました」

現在、ナガスクジラの平均寿命は約四〇歳で、二年に一度出産し、生涯に約一五頭の子どもを育てると明らかになっている。大隅たちが確立した年齢査定が、クジラの生態の把握につながり、持続的な捕鯨を目指す土壌が整っていく——はずだった。

しかし、大隅の思いに反して、科学的な資源管理は遠ざかっていく。

IWCの振り子

一九六六年にＩＷＣが世界の全海域でシロナガスクジラとザトウクジラの捕獲を禁止すると、欧米の国々が捕鯨から撤退した。植物油などが大量に生産されるようになり、鯨油の価値が下がったからだ。

捕鯨国と反捕鯨国の対立の萌芽(ほうが)が見えはじめた時期でもある。大隅は事情をこう解説した。

「鯨油を主な目的としていた欧米とは異なり、日本は鯨肉の生産を目的として捕鯨を行っていました。そこで捕鯨から撤退した国々から捕鯨船団を捕獲枠ごと買って、その国の分のクジラも捕ろうとした。その政策が裏目に出て、国際的な反発をまねくきっかけとなったのです」

対立はさらに先鋭化する。ＩＷＣに加盟しながら捕鯨から撤退する国が増えていったからだ。大隅はＩＷＣの変遷を時計の振り子に喩(たと)えた。

「ＩＷＣの発足（一九四八年）から一九六〇年までは、クジラの種類や資源量を考慮せずに捕れるだけ捕っていました。言うなれば、ＩＷＣの振り子は大きく右に振れていた。一九六〇年代になって、ようやく振り子が真ん中に落ち着きました。しかし、一九七二年を境に左に急速に振れて、反捕鯨国の影響力が強くなった。そして、いまも振り子は戻らないままです」

振り子が左に振れた。

大隅がそう指摘した一九七二年に何があったのか。

一九七二年六月、スウェーデンのストックホルムで、国連人間環境会議が開催された。そのなかで、事務局長のモーリス・ストロングがこんな発言をする。

「すべてのクジラは絶滅の危機に瀕している。滅びゆく野生動物の象徴であるクジラを救えずに人間と地球を救うことはできない」

その発言から潮目が変わる。

クジラ資源を合理的に活用していくために設立されたＩＷＣだったが、モーリス・ストロング発言を機に、捕鯨に反対する国や研究者の発言力が高まっていったのである。

捕鯨は過去の産業。その認識はＩＷＣだけにとどまらなかった。

日本共同捕鯨

モーリス・ストロング発言の前年。東京水産大学（現・東京海洋大学）を卒業したばかりの山村和夫は、当時は捕鯨部門を有していた日本水産（現・ニッスイ）に入社し、捕鯨船に乗り込んだ。のちに彼は、ＩＷＣの年次総会に出席する大隅に二九回も同行し、共同船舶社長や日本捕鯨協会理事長を歴任する。

山村は「学生時代から、捕鯨は石炭と一緒の斜陽産業だと受け止めていた」と振り返る。東京水産大学には漁業を志す学生も多い。そんな環境であるにもかかわらず、学生たちは授業で捕鯨を取り上げる教員に対し、「いまさら捕鯨なんて教えてどうするんだ」と抗議の声を上げた。

それは、捕鯨部門を持つ水産会社も同じだった。山村は言う。

「各社は、どう軟着陸するか……はっきり言えばどうやって捕鯨をやめるかを考えていました。ただどこの会社もたくさんの従業員を抱えていますから、簡単には捕鯨部門を閉鎖できない。乗組員が高齢化し、船を降りるタイミングまで捕鯨を細々と続けられないか模索していた。そうした状況で設立されたのが、日本共同捕鯨だったんです」

一九七六年、日本はＩＷＣが定める捕獲枠の縮小に対応し、組織改編を行った。

日本水産、大洋漁業、極洋の水産三社の捕鯨部門と、日東捕鯨、日本捕鯨、北洋捕鯨を合併して、日本共同捕鯨という株式会社を設立する。

日本共同捕鯨は、捕鯨母船三隻、キャッチャーボート二〇隻、陸上勤務もふくめると従業員約一五〇〇人という陣容でスタートした。これが、現在の共同船舶の前身である。

捕鯨にかかわるとは「これっぽっちも思っていなかった」と苦笑いする山村だったが、彼は日本水産から日本共同捕鯨へと籍を移す。

「あの頃、みんなが日本共同捕鯨に行くのをイヤがっていました。捕鯨に将来性はありませんからね。でもみんながイヤだ、イヤだというから自分も、というのでは男が廃る、と。まぁ、それが、間違いのもとだったんですが」

男が廃る。いかにも船乗りらしい動機である。

その決断が山村と大隅を引き合わせる。

日本共同捕鯨に設けられたＩＷＣの対策チームの一員となった山村は、当時、大隅が勤務していた静岡県清水市（現・清水区）の遠洋水産研究所に通うようになる。ＩＷＣで発表する大隅の論文執筆を手伝うためだ。ときには捕鯨業者の視点から、山村が大隅にアドバイスをする場合もあった。そうした論文は、大隅清治、山村和夫の連名で発表された。

山村は研究者としての大隅の立ち位置についてこう言及した。

「大隅先生は、クジラ資源を守ることが、捕鯨を守ることになるという立場の人でした。捕鯨を永久に続けるのなら、クジラ資源をしっかり管理しなければならないと。そこは一貫していましたね」

だからといって大隅が捕鯨業界に忖度していたわけではない。加藤は証言する。

「捕鯨会社の偉い人のなかには、『大隅は業界の味方だ』なんて言う人もいたんです。でも大隅さんは業界にも厳しかった。会議では、なれ合いで根拠もないのに『これくらい捕ってもいいんじゃないか』と発言した人がいると、『そんなことを言っているから、捕鯨産業はダメなんだ』とはっきり反論していましたから」

飛行機が落っこちたら

日本共同捕鯨が誕生した時期、ＩＷＣの規制の厳しさはいよいよ増していった。

一九七五年に北太平洋のイワシクジラとナガスクジラの捕獲を禁止。

一九七六年に南極海のナガスクジラの捕獲を禁止。

一九七八年に南極海のイワシクジラの捕獲を禁止。

大隅の目には、ＩＷＣの振り子が左に振り切れ、反捕鯨国の意向ばかりが反映されているように映ったに違いない。

ＩＷＣの規制強化は、日本共同捕鯨にとっても死活問題となる。クジラが捕れなければ、予定していた船が動かせない。企業として収入が断たれ、船員も困窮してしまう。

そんなさなかの一九七八年、日本共同捕鯨の山村は、大隅とともにＩＷＣ総会が開かれるイギリスに向かった。

出発前、大隅は山村にぼそりとこぼした。

「山ちゃん、飛行機が落っこちたら楽になれるかもしれないね」

もちろん冗談ではある。が、山村は思った。先生はそれほど重圧を感じているのか、と。

その三年前の一九七五年。IWC総会前に開催される、クジラの資源について科学的に評価する科学委員会の会議で大隅は、南極海にクロミンククジラが約四〇万頭生息していると試算した論文を発表した。その論文に対して、一九七八年の科学委員会でイギリスの生物学者、シドニー・ホルトが猛反発する。そんなにいるはずがない。いたとしてもせいぜい二万頭だと主張した。

四〇万頭か、二万頭か。

大論争に発展した。

大隅の論文が認められれば、クロミンククジラの捕獲は続けられる。だが、二万頭とするシドニー・ホルトの説が採用されれば、日本の捕鯨はさらなる苦境に追い込まれる。

山村は、大隅が過去の記録をもとに試算したのを知っていた。船を何マイル走らせて、何頭の発見があったのか。そうしたデータをもとに、四〇万頭という数を導き出した。大隅の研究を目の当たりにしていた山村には、シドニー・ホルトが、なぜ二万頭と主張できるのか不思議だった。ただの言いがかりではないかとすら感じた。

「実際に調査をしなければ、結論は出ない」

仲裁したのが、南アフリカの資源学者、ピーター・ベストだった。

ここで山村はとっさの判断をくだす。実は水産庁は、ナガスクジラの禁漁で収入減が予想される日本共同捕鯨への救済策として、補助を決めていた。その補助金を調査費用にあてれば、船も動かせる上、船員にも仕事を回せる。

山村は、隣の大隅に耳打ちする。

「先生、受けて立ちましょう。船ならうちが出しますよ」

その言葉を受け、大隅は挙手をして発言した。

「日本が、調査船を出しましょう」

こうして一九七八年から国際鯨類調査一〇カ年計画、通称「ＩＤＣＲ」がスタートする。

この調査の結果が出た一九九〇年、乱獲前に八万頭ほどだったクロミンククジラが、元の九倍の七六万頭に激増した事実が明らかになった。

クロミンククジラは八メートルほどの小型種で、乱獲期にも捕獲されにくかった。ほかの大型のクジラが減った結果、エサを独占できたおかげで激増したと考えられた。ちなみに、二〇二四年現在は大型のクジラの資源が回復した影響もあり、五二万頭ほどと見られている。

四〇万頭か、二万頭か。

その論争は、大隅の推測を超える資源量が確認され、決着を見た。それでもＩＷＣの振り子は左に振り切れたままで、右に戻ってくることはなかった。

商業捕鯨モラトリアム

ＩＤＣＲの調査が行われている最中の一九八二年、捕鯨は新たなフェーズに突入する。

ＩＷＣで「商業捕鯨モラトリアム」が決まったのである。

1986年のIWC科学委員会に臨む日本代表団。後列右から4番目が大隈
（提供：日本鯨類研究所）

商業捕鯨を「一時停止」して、一九九〇年までにクジラの資源量を見直した上で、捕獲頭数を再設定するという決定だった。

結論から述べれば、「一時停止」だったはずの商業捕鯨モラトリアムは、反捕鯨国の増加により「永久停止」ともいえる状況が続いていく。

とはいえ、IWCも一枚岩ではなかった。大隅もメンバーとして名を連ねたIWCの科学委員会は、商業捕鯨モラトリアムに反論した。クジラといっても種によって生息数が違うのに一括りにはできない。とくに大隅が四〇万頭いると試算した南極海のクロミンククジラの捕鯨は継続しても問題ない。

商業捕鯨モラトリアムの採択について、大隅は悔しさを隠さなかった。

「商業捕鯨モラトリアムにいたるまでに、

日本がＩＷＣのイニシアチブを取れる機会はありました。しかし捕鯨会社や水産庁の担当者が長期的なビジョンを示せなかった。いま振り返るとその場しのぎで、目先の利益を優先してしまった。他国の捕鯨船を買って、その国の分までクジラを捕ろうとした政策はその象徴です。後手後手にまわり、人類にとって捕鯨がいかに有用な産業かを示せなかった」

ＩＷＣでも、大隅が信じた人類の共通言語であるはずの科学が通用しなくなっていた。

「規制が厳しくなりすぎると、我々は科学的な根拠を示して反論しました。ＩＷＣでは加盟国の四分の三の賛成があれば、条項を変更できます。それを利用するために反捕鯨国側は、発展途上国の囲い込みを行った。こちらがどんなに正当な根拠を示しても、ルールを変えられてしまう。本当にひどいものでしたよ」

ＩＷＣは〈鯨類の保存とその合理的利用〉を目的に組織された。だが、商業捕鯨モラトリアムの採決は、合理性や科学を越えた政治で決められた。

モーリス・ストロング発言があった一九七二年、ＩＷＣ加盟国は一四カ国に過ぎなかった。それが、商業捕鯨モラトリアムが決まった一九八二年には三九カ国に増加した。

商業捕鯨モラトリアムを採択するために必要な四分の三の票数をえるために、新規加盟国を増やしたのである。

結果、賛成が二五、反対が七、棄権五という結果で、商業捕鯨モラトリアムは決定する。

捕鯨国であるノルウェーやソ連とともに異議を申し立てた日本だったが、国際的な立場を配慮して一九八六年七月、異議申し立てを撤回し、ＩＷＣの決定に従う選択をする。これにより、一九八六年の漁期を最後に、南極海での日本の商業捕鯨は中止されることになった。

農林水産省顧問をつとめる森下丈二（じょうじ）は、農水官僚時代に国連環境開発会議、ワシントン条約会議などの担当者として、海洋生物資源の保存管理や環境問題に取り組んだ。一九九九年からはＩＷＣの日本代表団の一員として活動した人物だ。

彼は商業捕鯨モラトリアムについてこう説明する。

「商業捕鯨モラトリアムによって、商業捕鯨を未来永劫やめるというイメージが定着してしまいました。しかし、商業捕鯨モラトリアムの採択時の法的に拘束力がある文書には、こう記されています。一九九〇年までの八年間で、科学的な知見をもとに資源を評価し直してゼロ以外の捕獲枠を検討する、と。普通に読めば、八年後までに商業捕鯨を再開する手続きの文言です。だから日本は調査捕鯨に踏み切りました。日本の調査捕鯨は、商業捕鯨の代替措置といわれますが、そうではなく、ＩＷＣの科学的な要請に基づいてはじまったのです」

ＩＷＣは鯨類資源に対する科学的知見不足を理由に商業捕鯨モラトリアムを決議した。森下が指摘するように、あくまでも一時的で、一九九〇年に見直される措置のはずだった。

最後の南極海の商業捕鯨は一九八六年から一九八七年。一九四一頭のクロミンククジラを捕獲し、昭和の商業捕鯨は幕を閉じる。

同時に、戦後の鯨類研究を支えた鯨類研究所は解散し、日本鯨類研究所が発足する。

日本は、翌年も船団を南極海に送り出した。

日本が求める商業捕鯨モラトリアムの撤廃には、鯨類資源に対する科学的知見を蓄積する調査が不可欠だったからだ。

一九八七年晩秋、捕鯨船団は調査船団と名を変え、日本鯨類研究所主導のもと南極海を目指したのである。

多数決の論理

日本は、調査捕鯨によって科学的なデータを積み重ね、商業捕鯨再開の道を模索した。しかし大隅の悲願だった商業捕鯨再開は、またも多数決という政治の壁に阻まれる。

「商業捕鯨を再開するための新たな管理方式として、一九九二年に改訂管理方式（ＲＭＰ）が完成しました。改訂管理方式とは、クジラ資源にダメージを与えない捕獲枠を計算によって割り出す方法です。科学委員会では満場一致で、承認されたのですが……」

森下の話に耳を傾ける前に、改訂管理方式について説明したい。

改訂管理方式のポイントとなるのが、先述した生物資源の管理という考え方である。

生物資源は、自力で再生産する能力を持っている。生物資源を持続的に利用するためにも、乱獲を防ぐのはもちろん、再生産能力を最大限に引き出す仕組みづくり、言い換えれば管理の方法が重要になってくる。

一九九二年に完成した改訂管理方式以前にも、管理方式はあったが、研究者の立場の違いや、基にするデータの解釈の違い、完成度の低さなどから誰もが納得できる仕組みとは言い難かった。そんななか、各国の資源学者や鯨類学者が立場を越えて協力し、研究開発に取り組んだ末につくられたのが改訂管理方式だった。

その頃、南極海には七六万頭のクロミンククジラが生息すると推測されていた。クロミンククジラの繁殖率は、年間四％から七％。最低でも一年間に二万八八〇〇頭の赤ん坊が誕生する。自然死する個体も考慮しなければならないが、単純に考えれば増えた分を捕っても資源量は変わらない。

だが、改訂管理方式に当てはめると、捕獲が許される数は二〇〇〇頭に過ぎない。資源量にダメージを与えぬようクジラの保護に重点を置いた厳しい管理方法だった。

改訂管理方式の完成により、商業捕鯨再開への期待が高まった。

科学委員会で採択されたのが、完成から二年後の一九九四年。科学委員会の議長をつとめたイギリスのフィリップ・ハモンドは改訂管理方式をこう評した。

「ついに資源管理における問題が科学的に解決した。ＩＷＣは商業捕鯨を安全に管理できるメカニズムをつくりあげた」

けれども改訂管理方式に基づいた南極海での商業捕鯨は、現在まで再開されていない。それどころか、一九九四年のＩＷＣ総会で、南極海をクジラの保護区とするサンクチュアリ化案が可決された。これを機に「一時停止」だったはずの南極海での商業捕鯨に「永久停止」というイメージが定着していく。

なぜ、科学的に認められたにもかかわらず、運用が見送られたのか。

ＩＷＣのあらゆる議決が、加盟国の四分の三の同意を必要とする多数決制だからだ。

反対派の立場を象徴するのが、反捕鯨国であるニュージーランドの表明である。

ニュージーランドは、そもそもクジラを殺す捕鯨自体が反倫理的だとして、管理そのものに反対した。結局、IWC総会で改訂管理方式は否決されてしまう。

「つまり一九九四年の時点で、商業捕鯨を再開できるという科学的な解答は出ているんです。IWCでは半数以上が反捕鯨国です。科学的に一〇〇%正しいとしても、四分の三の賛同をえられなければ採択されません。IWCで科学的、論理的な議論を尽くしても意味がない。改訂管理方式をめぐる問題が、そう言い切れる根拠のひとつです」

森下の一言一言が、大隅の心中を代弁しているかのように響く。

存在しないクジラ像

少なくともIWCが発足した一九四八年まで、クジラは合理的に利用される存在だった。しかしいつしか、クジラ像が変わった。

森下は〝カリスマ動物〟という聞き慣れない言葉を使った。

「対立の根本には、クジラという動物の捉え方の違いがあります。カリスマ性を帯びたクジラは資源状態とは関係なく、保護されるべきという意識が浸透しました。彼らにとっては、カリスマ動物を守ることが、環境保護とイコールになっています。だから、科学に基づいた持続利用も環境破壊と受け止める。科学を根拠とした議論が難しくなっている」

カリスマ化のきっかけのひとつが、一九七二年のモーリス・ストロング発言なのではないか。

「滅びゆく野生動物の象徴であるクジラを救えずに人間と地球を救うことはできない」――。以来、クジラという野生動物のイメージが集約され、ひとり歩きしていく。

クジラの一種であるイルカやシャチは、水族館で高度なパフォーマンスを披露する。ザトウクジラは「歌」を通じて、意思の疎通をはかるといわれている。マッコウクジラは巨大な脳を持つ。地球上でもっとも大きなシロナガスクジラは戦前からの乱獲により、絶滅の危機に瀕した。

一般的なクジラのイメージは、様々なクジラの特徴を兼ね備えた複合体である。

現実には人に懐（なつ）いてショーをし、仲間たちと「歌」を奏で、絶滅の危機に瀕する――そのすべての特徴を持つクジラは存在しない。

一九九〇年代、架空のクジラのイメージをノルウェーの文化人類学者、アルネ・カランは「スーパー・ホエール」と名付けた。

捕鯨に反対する立場の人たちは、クジラをカリスマ性を持つスーパー・ホエールと見なし、生息数が十分に増え、絶滅の危険性がないとしても保護すべき対象としているのだ。

クジラとは何か。

問いを投げかけられるたび、私の裡（うち）に大隅の言葉がよみがえる。

「クジラと一括りにいっても八十数種類いることがわかっています。なかには資源量が回復している種も、減ったままの種もいます。また同じ種類でも生息する海域によって、生態やエサが違う。種や海域によって、捕鯨を継続するか、保護していくか慎重に考えていかなければならないのです」

大隅が示したのは、クジラという野生動物の多様性だ。

クジラは、持続可能な水産資源か。それともスーパー・ホエールなのか。

スーパー・ホエールの誕生により、捕鯨問題に内在していた対立構造が可視化された。

やがて対立は議論を超え、物理的な暴力にまで発展する。

衝突の現場は南極海であり、渦中に巻き込まれたのが、捕鯨船員たちだった。

六　商業と調査のはざまで――ベテラン船員の葛藤

二度、翻弄された男

「クジラが捕れると疲れが一気に吹き飛びますね」

二〇二二年九月二四日午後三時一五分。日新丸のブリッジで、第三勇新丸からニタリクジラ捕獲の報を受けた船団長・阿部敦男（あべのぶお）は、表情をホッとほころばせた。

日新丸、第三勇新丸の二隻をたばねる船団長は、海図、海面水温予想図、海流、気候、過去の捕獲実績などあらゆる条件を勘案した上で、その日に操業する海域、捕獲する種類や数を決める現場の総責任者だ。

それまでの緊張感が漂う雰囲気から一転した、いつもの阿部の滑らかな口調が、船団長の責任の重さを感じさせた。

「やっぱりね、ぼくは捕鯨会社に入社したわけで、調査会社に入ったわけじゃありませんから。三二年も調査を続けて、やっと本来の自分の仕事に戻れた」

阿部は、昭和の商業捕鯨を知る数少ない船乗りだ。

昭和の商業捕鯨から平成の調査捕鯨を経て、令和に再び商業捕鯨へ。やっと本来の自分の仕

船団長として乗組員を統括する阿部敦男
（撮影：惠原祐二）

事に戻れた。その短い一言に、捕鯨論争に翻弄された男の感慨が集約されているように思えた。

阿部が日本共同捕鯨に入社したのは一九八一年。調査捕鯨への移行は、その六年後の一九八七年。入社以来、食堂で給仕をするサロンボーイを振り出しに、甲板部員、航海士、砲手、船長、船団長と捕鯨のあらゆる仕事を経験した。

日新丸の通信長・津田憲二や、第三勇新丸の砲手・平井智也らが調査捕鯨世代だとすれば、阿部は昭和の商業捕鯨を知る最後の世代である。

「いつの間にか人生と捕鯨が一体になってしまいました」

阿部の言葉には偽りも誇張もない。

振り返ると、日本の捕鯨が残した航跡は曲がりくねっている。

ＩＷＣでは、科学や合理性が無視された政治的な駆け引きが行われてきた。

針路が変わるたび、文字通り阿部たちが南極海の荒波をかぶり、頬を削るような寒風にさらされながら、クジラと向き合い続けてきたのである。

現場では何が起きていたのか。

捕鯨と一体となった阿部の人生は、ＩＷＣに振り回された捕鯨の現代史そのものだった。

捕鯨の町に生まれて

捕鯨の町——。

阿部のふるさとである宮城県女川町（おながわちょう）がそう呼ばれたのは四〇年以上も前のことである。

一九五〇年、日本水産が女川に事業所を設立した。もっとも捕鯨が盛んだった時期には、一八隻の捕鯨船が年間二〇〇頭から三〇〇頭のクジラを捕獲し、女川港に水揚げしたという。食肉を生産するだけではなく、歯やヒゲ、鯨油を加工したり、クジラの缶詰を製造したりする工場などが建ち並んだ。

一九六二年、阿部は竹浦（たけのうら）というギンザケやホヤなどの養殖が盛んな小さな浜で生まれる。阿部家の食卓には、刺身のほか、干物や味噌漬けなどほかの地域では口にできない珍しいクジラ料理が並んだ。

日本水産女川事業所の前には〈女川日水前〉というバス停があった。

ある日、阿部少年がバスで〈女川日水前〉を通ると、海面が小さな山のように盛り上がっていた。よく見ると真っ黒で巨大な物体が海に浮いていた。ブイかと思ったが大きすぎる。なんだろう。阿部少年は不思議な物体を見つめていた。

しばらくしてその正体を知る。なんと捕獲されたマッコウクジラだったというのだ。

事業所付近にいつも漂う、マッコウクジラの脂特有のねっとりとした絡みつくような臭いを阿部はいまも覚えている。

少年時代の阿部にとって、クジラは身近な存在だった。

小学校の遠足が捕鯨基地の牡鹿町鮎川浜（現・石巻市鮎川）。牡鹿半島の根元部分にある女川から先端に位置する鮎川まで、阿部少年たちを乗せたバスはつづら折りの山道を二時間ほどかけて走った。

三陸の一漁村だった鮎川が捕鯨基地として栄えるきっかけは、一九〇六年（明治三九年）。山口県長門市に本拠を置く捕鯨会社・東洋漁業が、鮎川に事務所を開設する。あとを追うようにして、日本に一二社あった捕鯨会社のうち九社が鮎川に進出した。三陸沖、そして牡鹿半島の東に浮かぶ金華山の沖合には、それほどたくさんのクジラが生息していたのである。

いまの鮎川は東日本大震災の影響もあり、往時の面影はない。現在の人口は六三〇人ほど。しかし一九五〇年代には八五〇〇人以上の人が暮らしていた。

大隅に、華やかなりし頃の鮎川について聞いたことがある。

「それこそ商業捕鯨の全盛期でしたからね。大変な賑わいでしたよ」

彼がはじめて鮎川を訪れたのは一九五四年。資源調査のためだった。

「映画館はもちろん、芝居小屋もありました。一五人もホステスをかかえる東洋一といわれるキャバレーもあった。ただ貧乏学生の私は、お金がない上、調査や研究ばかりの毎日で、遊ぶヒマはありませんでしたが」

船員たちは、三交代制で朝から晩まで働いていた。夜間に働き、朝に酒を飲んでいる人も大勢いた。クジラを捕獲した捕鯨船は、港に近づくと合図の汽笛を鳴らした。会社ごとに汽笛が異なるから、どの会社が捕獲したのかすぐにわかった。

阿部の少年時代、ずいぶん寂しくなってはいたが、捕鯨が鮎川の基幹産業である事実に変わりはなかった。

少年たちはクジラの解剖を見学した。作業員はクジラの体内から一メートル以上もある鉄でできた円柱状の何かを取り出し、興味深く見つめる阿部少年に「ほい」と手わたした。

「いま思えば」と阿部は半世紀近く前の思い出をたぐり寄せる。

「クジラを撃った銛だったんですよ。その日、もらった信管の頭を宝物にして、しばらく大切に保管していました。これでクジラを撃つのかと想像していたんですね」

調査時代の航海で、私は第三勇新丸の砲手だった阿部の射撃を目の当たりにした。阿部が腰を落としてトリガーを引くと、銛がニタリクジラの背に吸い込まれるように命中した。一発でニタリクジラを仕留めたパンコロはいまも鮮明に覚えている。

信管を宝物にした少年が南極海でクジラを追う。宿命的なエピソードにも思えるが、阿部本人に、捕鯨船に乗るという選択肢はまったくなかった。

一九七六年、日本水産の事業所が女川から撤退する。町の変化は露骨だった。缶詰工場はクジラから桃などのフルーツへと生産をシフトした。戦後、急速に拡大した捕鯨産業が一気にシュリンクしたひとつの象徴が女川だった。

捕鯨は過去の産業……。クジラの町と謳われた女川の住民もそう受け入れていた。日本水産の女川撤退の二年後、将来マグロの延縄(はえなわ)漁船に乗ろうと考えた阿部は石巻市の宮城水産高校に進む。阿部もまた捕鯨が斜陽で将来がない産業と考えていた。

氷山が見たい！

高校卒業が間近に迫った時期、阿部は校長室に呼び出される。なんだろう……。阿部が校長室の扉をノックすると担任教師と知らない男性がいた。日本共同捕鯨の人事担当者だった。

日本共同捕鯨は前述の通り、一九七六年に日本水産や大洋漁業、極洋の水産三社の捕鯨部門その他合計六社を再編して立ち上げられた捕鯨会社だ。乗員の高齢化にともない、発足五年目の一九八一年に、はじめて新卒者採用に踏み切った。採用担当者は、大学の同期だった阿部の担任に、ふさわしい生徒がいないか相談していたのだ。

南極海と捕鯨。阿部は想像もしていない展開に驚いた。担当者が語る未知の海原に若者らしい好奇心が刺激された。

「氷山が見たい！」と阿部は純粋に思った。

まだ調査捕鯨ははじまっていない。高校時代の阿部は捕鯨を漁業のひとつだと受け止めていた。

「クジラが哺乳類だとは知っていましたが、魚の延長という意識でした。だから、大砲で捕るというのも漁法の一種だと考えていたような気がします。大砲で撃つ漁というのをいっぺんは経験してみたかった」

捕鯨船に乗り込んだ阿部は、ふつうの漁船とは違うと感じる。

まず船の本棚が充実していた。本多勝一や司馬遼太郎の著書、戦史小説などのほか『ビーグル号世界周航記』などの翻訳書とともに、高齢者が多い船らしく健康と年金にかんする書籍も数多く並んでいた。

「戦後の捕鯨は、食料難解消のために国策として行われた産業でした。お金になる仕事だから優秀な人たちが集まったんだと思います。キャッチャー（ボート）の士官（幹部）は、みんな東京水産大学を出ていました。仕事中は厳しかったですけど、指導や注意のひとつひとつが論理的でいちいち納得できた。そのあたりが、高校時代に実習で乗った漁船と違うと感じた理由でしょうね」

阿部は彼らにこんな話を散々聞かされる。

「戦後は食べる物がない時代だったけど、捕鯨船に乗れば、白い飯が食えた。だから俺らは捕鯨船に集まったんだ」

念願だった南極海は、見るものすべてが新鮮だった。

「一度は氷山を見たいと思って捕鯨船に乗ったわけですけど……。結局三五回も南極海に行きましたが、まだ飽きないんですよ」

はじめての南極海で、阿部は、珍しいゾウアザラシに感動し、氷山を歩くペンギンを飽きずに見つめていた。泳ぐクジラをかわいいとも感じた。

二回目以降は自然環境の変化に魅せられる。

たとえば氷の溶け方や天候によって、毎日南極大陸が違って見える。クジラを探し、捕らえるという日々の仕事は変わらない。けれども、相手は野生動物と南極海の過酷な自然環境である。同じシチュエーションは二度とない。毎回新たな発見があった。三五回も南極海の航海を経験しても、新鮮さがあせることはなかった。

第一回目の南極海調査

阿部がはじめて南極海を経験したのは、入社二年目の一九八二年のことだ。

四〇万頭か、二万頭か。大隅の論文が引き起こしたクロミンククジラ論争をきっかけにスタートしたIDCR（国際鯨類調査一〇カ年計画）にたずさわったのである。

一九八二年は、商業捕鯨モラトリアムが採択された年でもあった。

阿部自身は、さほど深刻に受け止めていなかった。それは、モラトリアムが八年後の一九九〇年に見直され、商業捕鯨が再開できると考えていたからだ。

そして迎えた一九八六年の漁期。一九四一頭のクロミンククジラを捕獲し、昭和の商業捕鯨は終わりを迎える。阿部も最後の商業捕鯨を経験した。

捕鯨が続くのであれば、この仕事を続けたかった。

それは阿部の、いや南極海にクジラを追った男たちの偽りのない希望だったに違いない。

最後の商業捕鯨を終えた阿部は、日本共同捕鯨の船員たちとともに日本近海の漁業などを監視する船に乗っていた。

一九八七年一〇月、航海を終えた船員たちに書類が配られた。新たに発足した共同船舶という新会社に転籍し、捕鯨を続けるか意思を問うたのである。

阿部は調査初年度の船には乗らず、内地で海技士試験を受ける予定だった。次の航海に参加しない。だから自分には書類がわたされないのかと思い込んでいた。そのうち実家に郵送されてくるのだろう、と。

捕鯨船を降りるつもりはなかったが、陸にいる間に将来について考えたかったのである。

下船時、阿部はキャプテンに挨拶をした。

「お世話になりました。あとのことは家に帰ってから考え……」

阿部が言い終わらぬうち、キャプテンは言葉をかぶせてきた。

「お前の（書類）は出しといたぞ。会社に残るんだろ。これからも捕鯨は続くんだから、バカなことは考えるな。いま辞めてもなんにもなんないんだからな」

四五年前を振り返った阿部は、「その一言でぼくの人生は決まったんです」と苦笑いした。

この時、阿部は二四歳。キャプテンは、阿部がこれから調査と形を変えた新たな捕鯨を背負うと確信していたのだろう。ベテラン船員の間でも、阿部が後継者だという共通認識ができていたのかもしれない。

しかし本人の意向も確かめずに会社の転籍を決めてしまったのだ。冗談のような話だが、おおらかな時代背景と、ベテランたちが阿部に寄せた期待を感じさせるエピソードだった。

こうして一九八七年一二月から翌年四月まで、はじめて南極海での調査捕鯨が実施された。初年度に設定した枠は三〇〇頭。実際は二七三頭のクロミンククジラを捕獲する。二年目以降から捕獲枠は最大三三〇頭に拡大された。

商業から調査へ。捕鯨の形とともに、船の名称も変わった。捕鯨母船は「調査母船」に、キャッチャーボートは「目視採集船」と呼ばれるようになる。

鯨肉は調査を終えたあとの〝副産物〟として扱われるようになった。

現場では、何が変わったのか。

「異なる点はルールだけです」と阿部は言う。

「調査になって厳密な捕獲のルールは決められましたが、我々にとって、クジラを探して、捕るという行為自体に変わりはないんですよ。その意味ではさほど戸惑いはなかったですね」

調査捕鯨の特徴

調査捕鯨になって一頭目のクジラを撃った砲手に話を聞いた経験がある。

長崎県の西に広がる海に浮かぶ五島列島のひとつ、宇久島に暮らす松阪潔だ。彼の回顧は、商業と調査の違いに戸惑う船員たちの心情を端的に示している。

五島列島は江戸時代に捕鯨が根付いた地域である。最北部に位置する宇久島は周囲約三八キロ、人口約一七〇〇人の小さな島である。

島唯一の玄関口である宇久平港には捕鯨砲が展示されている。商業捕鯨の最盛期には、小さな島から一五〇人もの男たちが南極海を目指した。

ジーンズとダンガリーシャツというカジュアルな出で立ちの松阪が、港で迎えてくれた。

「私がはじめて捕鯨船に乗ったのは、昭和三九年（一九六四年）。東京オリンピックの年でした。宇久出身の船員は、八〇人以上はいたんじゃないかな。どの船に乗っても島の人がいた。親心なのか、よう言われたモンですよ。宇久の者ならいい加減な仕事はするな、と」

中学卒業後、松阪は福岡県北九州市にあった日本水産の船員養成所に入る。以来、捕鯨一筋。二〇〇七年の退職時は、キャッチャーボートのキャプテンだった。

「商業捕鯨時代、私たちは、食料増産のために働いてきた。だからできるだけ生産性の高い大きなクジラを狙って捕ってきました。でも、調査捕鯨になってからは、生態を調べるため、まだ未成熟のクジラも捕獲しなければならなかった。ミンククジラは、成熟すると九メートルくらいになるんですが、五メートルほどの小さなクジラを撃った経験があります。捕獲したあと、虚しさを感じました。なかなか割り切れないものでした」

松阪が言うように、昭和の商業捕鯨の目的は食料増産だ。大きなクジラを効率的に捕獲するために、季節や海水温、天候などを考慮し、クジラの群れがたくさんいそうな海域で操業する。

片や調査捕鯨では資源量を把握するために、クジラの年齢や性別、妊娠率などのデータが必要になる。最初に発見したクジラが調査対象の種なら、必ず捕らなければならない決まりだった。商業捕鯨のように成熟したクジラだけを狙うとデータに偏りが出てしまうからだ。

また、調査捕鯨では、無作為に調査コースが決められた。調査海域にクジラが生息するかどうかはわからない。捕獲したクジラ一頭一頭が、あるいは発見できなかった航海の一日一日が、資源量を割り出す基礎データになるのである。

私がかつて同行した調査でいえば、三隻のキャッチャーボートは、七マイルの間隔をあけ、平行に並んで一一・五ノット（時速約二一キロ）の速度で調査コースをたどる。三カ月で約二万キロメートルの距離を航海した。赤道の周囲が約四万キロメートルだから、地球半周分の距離にあたる。

その間、甲板部員たちが発見したクジラを調査員や航海士が記録していく。対象は、捕獲するクジラだけではない。見つけたクジラは、捕獲対象以外も種類や群れの頭数、発見の状況などを記す。

その後、発見したクジラの数を野生動物の個体数調査に用いるライントランセクト法という数式に当てはめて、海域全体の生息数を推測していく。

阿部は漁業としての捕鯨を経験したくて、捕鯨船に乗り込んだ。だが、彼は、結果的に職業人としてのほとんどとなる三二年を調査に費（つい）やした。

調査捕鯨をどう受け止めているのか。彼はよどみなく答えた。

「我々は、南極海での商業捕鯨再開のために調査を続けてきました。日本の捕鯨は、ＩＷＣで責められてモラトリアムで一時的に停止しているだけで、商業捕鯨をやめたわけじゃない。資源量が回復し、数が増えていることさえ証明できれば、商業捕鯨は再開できる。そう信じていたし、実際に我々が調査を通じてクロミンククジラが増えていることを明らかにしたんです。

少なくとも調査がはじまって一〇年くらいは、近いうちに商業捕鯨は再開されるだろうと考えていました」

しかし現場の努力や思いが顧（かえり）みられることはなかった。

人道的捕殺のために

一九九〇年までの期限付きで始まった商業捕鯨モラトリアムは、一時停止のはずだったが、やがてその期限を越え、「永久停止」の様相を呈するようになる。そんななか商業捕鯨再開の切り札と目されたのが、先に取り上げた改訂管理方式だ。阿部は語る。

「ＩＷＣにも認められた改訂管理方式があれば、商業捕鯨は再開できるし、反捕鯨国にも納得してもらえるだろうと。そのうち自分たちの仕事が認められて、また南極海で商業捕鯨ができる。そう疑いもしていませんでした」

阿部のような見通しを持つのは無理もない。改訂管理方式の導入が見送られ、調査捕鯨が三二年も続くと想像できた者はいなかったのだ。しかし反捕鯨国は、クジラを殺す捕鯨自体が反倫理的だとして、資源管理という考え方自体を否定した。

「もっとも悔しかったのは、感情論で押し切られてしまったことです」

阿部は当時の思いを吐露した。

「我々が資源の回復を証明すると、反捕鯨国は、商業捕鯨を再開したらまた乱獲するのではないかと危惧した。そこで、資源量が絶対に減らない改訂管理方式がつくられた。すると今度は

『残酷だ』と話をすり替えた」

残酷でない捕獲。調査捕鯨でクジラの資源量の回復を証明した日本に、反捕鯨国が次に突きつけた条件だ。

反捕鯨国に納得してもらうため、砲手たちはクジラの苦痛を減らし、即死率を高めようと腕を磨いてきた。そうして定着したのが、一発の銛でクジラを仕留めるパンコロである。

即死させられなかった場合は、乗組員が開発した「電気ランス」と呼ばれる通電装置を使用してクジラが苦しまないように捕獲した。

けれどもＩＷＣに致死時間の長さを指摘される。阿部たちは即死させられなかった場合の致死時間を計測し、短縮するすべに頭を悩ませる。

着目したのが、北方狩猟民がトドを撃つライフル銃だ。

調査捕鯨がスタートしてから一〇年が経った一九九七年、ライフル銃を持つ人に捕鯨船に同乗してもらい、クジラにも有効か試したあとで実装した。

ノルウェーの生理学者、ロース・ワローの統計によれば、電気ランスによる致死時間はうまくいった場合でも三分以上を要したという。だが、ライフル銃の使用により、平均致死時間を一〇四秒に短縮する。現在の砲手はみなライフルの所持許可を持つ。

宮城県警でライフルの所持許可証を申請した阿部は、試験が終わったあと担当の警官に「なんで捕鯨にライフルがいるの？」と問われる。

阿部は「人道的捕殺」のためにライフルが必要だと説明した。

ライフルの所持許可証をえるには、狩猟免許を持つ人が所属する地元の猟友会から推薦をもらい、試験を受けて取得するという流れが一般的だ。阿部以外の砲手も居住する地域の警察署に行き、申請の手続きをした。

しかしなかなか許可が下りない。警察署の担当者も戸惑ったのだろう。

ライフルの実装は、捕鯨論争に翻弄された現場のひとつの象徴かもしれない。

「意地でした」と、阿部は一言口にした。

その思いは調査捕鯨にたずさわった船員みなの思いでもあったはずだ。

「『残酷』という反論には、即死率を上げて、致死時間を短縮するという形で答えを出した。次は『かわいそうだから捕鯨はダメだ』と。国からの補助もありましたが、現場の我々も意地になって、調査を続けました。捕鯨に反対する立場の人たちの意見に反論するだけでなく、ぼくたち自身も捕鯨を続けていく上で、納得がいく答えを、捕鯨を続ける正当な理由を知りたかったのです。でも、調査がこんなに長く……三二年も続くとは思ってもいませんでしたが」

努力してゴールしたと思ったら、いつの間にか異なる地点に新たなゴールがつくられていく。

現場の船員はさぞ、やるせない思いを抱いたに違いない。

加えて妨害活動である。妨害活動の矢面に立たされたのが、阿部たち船員だ。

調査捕鯨の三二年間は、反捕鯨団体と衝突の歳月でもあった。

何がシーシェパードを刺激したのか

日新丸には、反捕鯨団体の妨害活動に抵抗した名残が残っていた。

放水砲用大型海水ポンプ。

ブリッジ後方左手の上部に設けられた八つのボタンを押し、妨害する船に放水して抵抗したのである。

グリーンピースは調査捕鯨開始とほぼ同時に、南極海で妨害をスタートさせた。

「グリーンピースは我々の船についてきて、水をかけてくるくらい。大変は大変でしたけど、暴力を行使してくることはありませんでしたから、さほどではなかった」

阿部は「問題はシーシェパードでした」と続けた。

シーシェパードはグリーンピースを脱退したポール・ワトソンが設立した団体で、二〇〇七年から妨害を開始する。グリーンピースに比べて、シーシェパードの活動は常軌を逸していた。

調査船団に対し、失明の恐れがある酪酸（らくさん）が入った瓶や発煙筒を投げつけたり、ワイヤーをスクリューに絡ませたりする妨害を繰り返した。

二〇〇八年一月一五日には、二人の活動家が第二勇新丸に侵入する事件が起きた。二日後にオーストラリアの船に引き渡すまで二人を監視した船員がこんな話をしてくれた。

「ヒマそうだったから、『もののけ姫』のＤＶＤを貸してあげたんですよ。そしたら『日本最高』と喜んでいましたよ」

2010年2月、第三勇新丸に衝突するシーシェパードのボブ・バーカー号
（提供：日本鯨類研究所）

さらに二〇一〇年一月、シーシェパードの抗議船アディ・ギル号が、調査船団の第二昭南丸に衝突し、沈没する。一カ月後、アディ・ギル号の船長が第二昭南丸に抗議のために乗り込んできて、船員たちによって拘束される。

帰港後、アディ・ギル号の船長は艦船侵入の容疑で逮捕された。阿部は言う。

「船をぶつけてくる、というのは船乗りとして尋常じゃないんですよ。ふつうの考えでは絶対にありえない。だって、沈んだら死ぬんですよ。あんな冷たい海で沈んだら、どっちかが必ず死ぬ。彼らとは絶対に理解し合えない」

憤りがよみがえったのか。阿部は「ありえない」と再び語気を強めたあと「ただ」と継いだ。

「二〇〇五年から捕獲数を爆発的に増やし

たでしょう。日本の捕鯨政策がシーシェパードを刺激した側面もあったと思うんです」

その指摘には、妨害活動の変遷を身をもって実感したからこその説得力があった。

南極海の調査捕鯨は一九八七年から二〇〇四年までの第一次と、そのあと一〇年続いた第二次に分けられる。

第一次で捕獲した南極海のクロミンククジラは、最大で年間四四〇頭。

第一次について、阿部は「グリーンピースは反対するけど『まあそれくらいはいいんじゃないの』と容認しているような雰囲気だった」と感じていた。

問題となったのは、第二次だ。

日本はクロミンククジラの捕獲枠を、倍以上の最大九三五頭にまで一気に増やしたのだ。それだけではない。初年度に一〇頭のナガスクジラを捕獲する計画を立てた。

南極海のナガスクジラは、乱獲期に絶滅の危機に瀕したが、調査によって資源が回復して八万五〇〇〇頭の生息が明らかになった。

それでもナガスクジラ捕獲計画のニュースは、国際世論や反捕鯨団体を動揺させた。

追い打ちをかけるように、二〇〇七年度から毎年五〇頭のナガスクジラに加え、五〇頭のザトウクジラも捕獲すると日本政府は発表した。阿部は現場の戸惑いを口にした。

「ミンクの捕獲を一気に増やした上、ナガス五〇頭とザトウ五〇頭という計画も立てた。結果的に捕れなかったわけですが……。我々から見ると、捕ったとしても肉を船に積み込めるのか、という量だった。そのへんが疑問だったし、センセーショナルなことをして、国際世論を煽らなくてもいいじゃないかと。あれからなんですよ、シーシェパードが妨害をはじめたのは」

関係者によれば、捕獲枠の拡大は、当時の水産庁担当者の判断だったという。捕獲頭数を増やし、鯨肉の単価を下げて、広く市場に届ける目的があった。それでは、疑似商業捕鯨の批判は免れない。しかも担当者の思惑は外れてしまう。確かに副産物としての鯨肉の生産量は増加し、出荷時の単価は下がった。しかし卸業者は、安く買った鯨肉を従来のまま高値で売ったために市場価格に大きな変化がなかったのだ。

捕獲枠の拡大は、海外からだけではなく、日本の捕鯨関係者からも批判される結果に終わる。結局、ナガスクジラとザトウクジラの捕獲計画は頓挫する。ザトウクジラは反捕鯨国の反発に配慮し、捕獲を延期した。

ナガスクジラにかんしては二〇〇五年こそ捕獲枠一杯の一〇頭を捕獲した。だが、その後の捕獲数は、三頭、〇頭、一頭、一頭、二頭、一頭、〇頭、〇頭と推移する。

捕獲枠を満たせなかったのはナガスクジラだけではない。

最大九三五頭の捕獲を計画したクロミンククジラをもっとも捕ったのは第二次初年度の八五三頭。以後四年間は五〇〇頭から六〇〇頭台の捕獲数で推移し、二〇一〇年からは一七〇頭、二六六頭、一〇三頭、二五一頭と数を減らした。シーシェパードの妨害のなか、船舶と乗組員の安全を最優先した結果、捕獲調査が十分に行えなかったのだ。

シーシェパードを刺激した捕獲数の増加が、やがて日本の調査捕鯨を終焉へと追い込む遠因となる。

妨害活動に対する思い

妨害活動を船員たちは、どう受け止めていたのか。

実は、私も妨害活動のとばっちりを受けた経験がある。

二〇〇八年の北西太平洋の調査捕鯨がはじまる直前に環境保護団体、グリーンピース・ジャパンが窃盗事件を起こした。

グリーンピース・ジャパンのメンバーが、日新丸の船員が自宅に送った土産用の鯨肉を盗んだのである。船員が鯨肉を横領しているという内部告発がきっかけだったとされる。

そのせいか、航海中、日新丸の船員の一部で、私が反捕鯨団体のスパイだというウワサが流れたらしい。船員たちに避けられている気がして、居心地が悪かった時期があった。

妨害行為の被害者だった乗組員は、みな疑心暗鬼に陥っていたのかもしれない。

妨害活動が激化する二〇〇八年、私は渦中の船員たちに妨害について話を聞いていた。取材メモを見返すと、それぞれに受け止め方が違っていて興味深い。

当時、甲板部員だった二九歳の津田憲二はこんなふうに語っていた。

「知り合いや友だちは捕鯨についてそんなに知らないけど、シーシェパードに妨害されるようになってからは日本でもニュースになって、関心を持ちはじめている気がします。よくも悪くも捕鯨が注目を集めるようになった。それまで興味がなかった人からも捕鯨について聞かれる機会が増えましたから。なぜ、邪魔されるのか……。逆に意地になって、こっちも燃えるっていうのはあるかもしれないですね」

いかにも若者らしい反骨心とともに、津田らしい冷静さを感じさせる発言である。

純粋な怒りと率直な疑問を表現してくれたのが、砲手の平井智也である。その頃、彼は見習い砲手になったばかりで研鑽（けんさん）を積んでいた。

「捕鯨に反対する人は、『自分はベジタリアンやヴィーガンだから、動物を殺すのが許せない』と言うでしょう。じゃあ、植物はどうなのか。植物は生き物ではないのかと思うんですよ。野菜だって生きている。動かないで暴れない生き物なら殺していいのか、と。もちろんぼくも、クジラが減っていて絶滅しそうなら絶対に捕ってはダメだと思います。でも、現実はそうじゃない。ぼくらが調査で生息数が回復していると証明したんだから。自分たちの調査が間違っていないと自負している以上、妨害されたからやめるというのは逃げているだけじゃないですか。それだけは絶対にイヤなんですよ」

平井の言説から伝わるのは、自分たちがたずさわった調査がもたらした結果への自信である。ルールに則（のっと）り、フェアに調査を続けてきた。だからこそ平井は断言したのだ。

「もしも、反捕鯨団体が、ぼくらの調査が間違っていることを証明してくれるのなら、いますぐに捕鯨をやめたっていい」

このあとに続けた言葉が平井らしい。

「動物を殺すことに対して、残酷だという感情を持つのは人間だけですよね。（反捕鯨団体のメンバーが）殺すのがかわいそうと言うのなら、シャチの前に行って『オタリア（アシカ科の哺乳類。シャチが好んで補食する）を殺すな』って看板を掲げてみろ、って言いたくなりますよ。シャチにとっては、オタリアの数が多かろうが少なかろうが、目に前にいれば殺すだろうし、食べるんだから。ぼくたちは食べるために動物を殺す。その意味では動物を食べた経験がある人間はみんな罪人なわけですよ。だけど、人間はほかの動物や環境について考える力がある。クジラが減ったかどうか、どのくらい捕ったら大丈夫なのか、把握しながら、クジラを、動物を捕って利用していく努力はとても大切だと思っているんです」

　不安を口にした船員もいた。

　製造部のリーダーのひとり、折口圭輔（おりぐちけいすけ）は入社六年目の二六歳だった。

「調査捕鯨のことを世間の人はあまり知りませんよね。オレらの仕事をみんなに理解してもらいたいです」

　当初、折口の話を優等生的な模範解答のように感じた。だが、話が進むと彼は冗談めかしながら本音を明かしてくれた。

「グリーンピースやシーシェパードがくると仕事が休みになる。最初ラッキーって思っていたんですよ。でも、やっぱり凹（へこ）むじゃないですか。反対している人がたくさんいるのに、このまま捕鯨って仕事をしてていいのかって。考えちゃうとメンタル的にキツいですよ。陸にあがってもどこにグリーンピースやシーシェパードがいるかわからないから、『どんな仕事してんの？』と知り合った人に聞かれても『捕鯨』とは答えにくいです。だって怖いじゃないですか。『調査捕鯨』って言ったら、反発されたり、嫌がられたりするかもしれない。いまは、堂々と口にできる状況ではないと思うんですよ」

考えてみれば、あれほどまでに国際的な反発を受け、世間の注目を集めた職業も珍しい。捕鯨に従事して間もない若者であれば尚更、動揺や戸惑いを覚えたに違いない。

それは、彼が父親になったばかりだった時期と無関係ではなかった。

「将来、宿題とかで、親の仕事について書くかもしれないですよね。『お父さんの仕事は、船に乗ってクジラを捕ることです』って。もしもうちの子どもの周りに捕鯨に反対する子がいて、『クジラって捕っちゃダメなんだよ』って言われたら、子どもがかわいそうだなといまから心配していて……。親の仕事と子どもは関係ないですからね。いくら捕鯨は日本文化だっていっても、反対する人がいる以上、胸を張れないと言えばいいか。子どもが生まれてから少し考えるようになっちゃって」

話を聞き終えたあと「オレらの仕事をみんなに理解してもらいたい」という彼の思いが建前でも模範解答でもなく、切実な願いだったのだと気づかされた。

激しい反発に捕鯨をあきらめて、船を降りる乗組員もいた。津田のように意地になり、平井のように逃げずに捕鯨という仕事を続けた青年ばかりではなかったのだ。

当時の製造長は、船員が辞めてしまう原因についてこう話していた。

「去年（注・二〇〇七年の南極海）は、シーシェパードからかなり攻撃を受けたからね。しかも事故（注・二〇〇七年二月の南極海での火災事故、八月の北西太平洋で操業中の死亡事故）が続いたでしょう。本人は『このくらいへっちゃら』と思っていても親が心配で船から降ろす場合もあるんだよね。新卒で入った子が四、五年経験して、やっと安心して任せられるなというときに辞めてしまう。それが現場にとっては一番つらいよな」

二〇〇七年から二〇一〇年代半ばまで、毎年冬にシーシェパードの船が調査船団を妨害するニュースが報じられた。ほとんどの人は、またか、と気にもとめなかったはずだ。

しかし前章で船員の妻である津田玲や矢部美保が口にしたように、船員の家族や親しい人たちは報道のひとつひとつに身を切られるような不安を抱いたり、安堵のため息を漏らしたりしていたのだ。

シーシェパードをはじめとする反捕鯨団体には、どのような〝正義〟があったのだろうか。彼らが船員の帰りを待つ家族の存在に思いをめぐらせた瞬間はあったのだろうか。彼らの正義は、乗組員の命を危険にさらしてまでも正当化されるものだったのか。

そしていま、令和の商業捕鯨に対しどんな考えを持っているのか。古い取材メモを見返していると、いくつもの疑問が再燃した。

七　反捕鯨団体の論理

シーシェパードに参加した日本人女性の主張

手元に一冊の雑誌がある。

二〇一一年四月に発行されたミニコミ誌『THE ART TIMES』。特集は〈ヨコハマの野毛は鯨芸ゲイの街！〉と題されている。

横浜市の野毛（のげ）は、六〇〇近い飲食店が集まる飲み屋街だ。戦後、いち早く鯨肉が出回り、クジラカツを販売した「クジラ横町」と呼ばれる通りもある。〈鯨〉に続く〈芸〉〈ゲイ〉とは、大道芸イベントがひんぱんに開催され、新宿二丁目に次ぐゲイの町としても知られる野毛の特徴を表している。

ページをめくり驚いた。シーシェパードのボブ・バーカー号に乗船した日本人女性の手記が掲載されていたからだ。当時、五八歳の彼女は二〇一〇年一二月から二〇一一年三月まで南極海の調査捕鯨の妨害活動に参加する。捕鯨にかんする日本メディアの〈洗脳的と言った方が良いほどのプロパガンダ報道〉に憤りを感じ、シーシェパードに加わったと書く。

彼女は、シーシェパードの主張を九つに分けて列挙した。その是非については読者に判断をゆだねたい。最小限の注釈を記すにとどめて、ひとつずつ引用しよう。

〈1、南極海クジラ保護区でクジラを殺している「密猟」であること〉

「南極海クジラ保護区」とは、ＩＷＣで一九九四年に採択された、前述の南極海サンクチュアリ化だろう。南極海を商業捕鯨の禁止区域とする決定だが、調査捕鯨は認められていた。

〈2、絶滅危惧に指定されているクジラを殺している〉

〈3、オーストラリア連邦政府・最高裁の「オーストラリア海域での捕鯨禁止命令」を無視している〉

　これは、二〇〇八年一月に、オーストラリア連邦裁判所が調査捕鯨を行う共同船舶に対し、オーストラリアの海岸線周辺や南極沿岸での捕獲調査停止を命じたことだと思われる。ただし捕鯨船がオーストラリア領海内に入らない限り、命令を執行できない決まりになっていた。

〈4、一九八六年にＩＷＣによって決められた「商業捕鯨の永久モラトリアム」及び再三のＩＷＣからの勧告通達を無視している〉

　ここには注記が必要かもしれない。彼女は〈永久モラトリアム〉と記しているが、先にも触れたように商業捕鯨モラトリアムは「一時停止」である。〃永久〃は一般的に流布したイメージに過ぎない。〃永久〃のイメージを定着させた南極海サンクチュアリ化を定めた条項には、一〇年ごとに再検討し、修正できると明記されている。

〈5、「調査」と称した商業捕鯨である→調査捕鯨を開始して以来、一度も調査・研究成果を発表していない〉

この主張の根拠は不明だが、調査捕鯨がはじまってから二〇年ほどの間に、三〇〇本を超える論文が作成され、IWCなどに提出されたり、査読付きの印刷物に掲載されたりしている。

〈6、倫理的理由：二〇〜三〇分もの苦しみの後に死に至る、残虐である（家畜をこのように殺したら、逮捕される）〉

〈7、六〇年前には、四五カ国が常に南極海で捕鯨をしていたが、現在は日本だけだ〉

〈8、クジラを絶滅させることは、世界中の海の生態系を壊すことになる、ひいては人類滅亡に繋がる〉

〈9、（水銀などに汚染された）クジラ肉の需要を作るために、助成金を出し日本各地に「くじらの町」を作ったり、無理矢理学校給食として子供に食べさせている〉

彼女の主張には、同意できる部分もある。それは、一九五〇年生まれの彼女が、環境保護を意識するようになったきっかけだ。

彼女は一九七〇年代前半の公害問題や、田中角栄の「日本列島改造論」という名の環境破壊と大量消費が生み出した経済成長に強い違和感を抱いたという。私も彼女と同世代だったら、きっと同じような懸念や憤りを感じていた気がする。また経済成長に不都合な事実はマスコミに自主規制されたという指摘も理解できる。

いま彼女は、日本の捕鯨にどんな考えを持っているのか。

すでに休刊した『ＴＨＥ ＡＲＴ ＴＩＭＥＳ』の関係者に問い合わせた。彼女は以前、野毛で飲み屋を営んでいたが、ずいぶん前に海外に移住してからは音信不通らしい。

シーシェパードからの答え

二〇〇〇年代に活発に活動していた反捕鯨団体はいま、何をしているのか。現在は沈静化しているが、過去の妨害活動をどう振り返るのか。

私は二〇二四年四月、シーシェパードの事務局にメールで質問を送り、インタビューを依頼した。返信は期待していなかったが、意外にもシーシェパードの反応は早かった。その日の夜には返事がきていたのだ。

ひとつ目の問いが、調査捕鯨の終了と令和の商業捕鯨再開をどう受け止めているか。シーシェパードは次のように回答した。

〈我々は日本をノルウェー、アイスランド、デンマークとともに違法な商業捕鯨を続ける海賊国家と見なしている。日本の商業捕鯨は、国際法や条約の露骨な無視に過ぎない。いまもクジラやイルカを救うために、アイスランド、ノルウェー、デンマーク、日本の捕鯨を止めるためのキャンペーンは続けている〉

ノルウェー、アイスランドは、日本と同じく自国の排他的経済水域（ＥＥＺ）内で商業捕鯨を続ける国である。デンマークの捕鯨とは、フェロー諸島で伝統的に続くイルカの追い込み漁だと思われる。現在もキャンペーンを続けているというが、具体的な内容についての言及はなかった。

次の質問は、なぜ再開された令和の商業捕鯨に抗議しないのか。そして、抗議活動をやめた

シーシェパードの創設者ポール・ワトソン（2006年撮影、提供：EPA＝時事）

理由である。

〈調査船団には、日本政府のバックアップがついている。衛星監視システムが我々を監視し、自力では調査船団を捕捉できなくなった。我々が何百万ドル費やしても、何カ月かけても、調査船団に遭遇できなければ意味がない。また日本は我々に対抗するために新しい反テロ法を可決した〉

反テロ法とは、二〇一七年に成立したテロ等準備罪だろう。調査船団への妨害活動を念頭に置いて制定されたわけではないはずだが、シーシェパードは脅威を覚えたのだろうか。それに彼らが書いているように、経済的にも引き際と考えた可能性もある。

ＥＥＺ内で行われている令和の商業捕鯨がどんな国際法や条約に抵触するのか、具体的に聞こうと再度メールを送り、改めてインタビューを申し込んだが、以来返事は途絶えたままだ。

シーシェパードの主張は事実認識の相違もあり、納得できない箇所も多い。だが回答では、彼らは〈南極海での調査捕鯨〉を問題視していたと述べており、実際に抗議を行ったのは南極海での調査だけだった事実と符合していた。

続いて、グリーンピース・ジャパンに問い合わせると、現在、捕鯨問題に取り組んでおらず回答は難しいという返答があった。二〇一九年の調査捕鯨の中止を機に、クジラだけでなく、広く海洋を保護していく方針に変更したのだという。

シーシェパードとグリーンピースの回答からは、両者ともに抗議活動の対象を日本が行った南極海での調査捕鯨に定めていたのがわかる。

ここで、同時期に日本の沿岸で行われる捕鯨に異が唱えられた動きにも、触れておきたい。南極海での調査捕鯨か、沿岸の捕鯨か。批判の矛先こそ違うが、共通した論理が見い出せるからだ。

反捕鯨団体が集結した地

当時の過激な反捕鯨活動のなかで、シーシェパードと並んで国際的な物議を醸したのが、二〇〇九年に公開されたドキュメンタリー映画『Ｔｈｅ　Ｃｏｖｅ（ザ・コーヴ）』だった。

主演をつとめたリック・オバリーは、シーシェパードの支援者であり、反捕鯨活動の象徴的な人物だ。私がリック・オバリーにインタビューしたのは、『ザ・コーヴ』日本公開直前の二〇一〇年六月のことである。

インタビューの内容を紹介する前に『ザ・コーヴ』と映画の舞台となった和歌山県太地町について説明したい。

『ザ・コーヴ』が批判の対象としたのは、太地町で行われるイルカの追い込み漁である。太地町の漁師たちが隠し撮りされ、良心的な動物愛護団体の活動家を恫喝する〝ヤクザ〟として描かれた。イルカが漁師にのど元を切り裂かれて血を噴き出し、尾びれをばたつかせながら息絶える場面や、血で真っ赤に染まった入り江などセンセーショナルなシーンが注目された。

『ザ・コーヴ』は国際的に話題となり、アカデミー賞の長編ドキュメンタリー賞を獲得し、シーシェパードのメンバーまで太地町に集結した。さらにオーストラリア北西部の都市ブルームと太地町との姉妹都市提携の解消騒ぎにまで発展したのである。

熊野灘に突き出た紀伊半島の先に位置する太地町は、古式捕鯨発祥の地として知られる。

日本では縄文時代から、病気や怪我で弱って座礁したクジラを食料として利用していた。一五七〇年頃に愛知県の知多半島で、クジラを銛で突く「突取式捕鯨」が起こり、太地に伝播する。知多の捕鯨は衰退したが、太地では一六〇六年に捕鯨のための「刺手組」が組織された。以来、太地の人々は、漆で装飾された勢子船四、五艘で、ゴンドウクジラやマッコウクジラ、セミクジラを組織的に追うようになる。

その後、「刺手組」から「鯨組」への組織改編や、「突取式」から網で動きを封じてから仕留める「網取式」への技術革新を経て、捕鯨は太地の地場産業となった。

鯨一頭、七浦（ななうら）をうるおす。

山間の小さな漁村にとって、クジラがもたらす経済効果は、それほど絶大だった。

しかし太地の古式捕鯨は、一八七八年に潰える。「大背美流れ（おおせみながれ）」と呼ばれる海難事故によって一一五人もの捕鯨従事者が亡くなり、漁具や船などが流失してしまったのだ。

背景が、黒船来航である。

一八五三年（嘉永六年）、マシュー・ペリーがアメリカの捕鯨船の燃料や食料補給を目的に江戸幕府に開国を求めた。開国をきっかけに、アメリカをはじめとする各国の捕鯨船が日本近海のジャパン・グラウンドでの操業をスタートさせた。

その影響で太地の近くを回遊するクジラが減ってしまう。

そこに久しぶりにセミクジラが姿を現した。太地の「鯨組」の面々は悪天候にもかかわらず海に出た。その結果の海難事故だった。

アメリカの捕鯨というグローバルな経済活動が、太地の古式捕鯨を崩壊に追いやったのだ。

捕鯨は日本の伝統文化——そんな主張をしばしば耳にするが、「突取式捕鯨」や「網取式捕鯨」などの古式捕鯨にかんしては太地や千葉県の和田浦、山口県の長門、高知県の室戸、長崎県の五島列島などに根ざした地場産業であり、地域文化だった。一方で船団で行う母船式捕鯨の歴史は、日本では一〇〇年に満たない。近代に興った産業を伝統文化と呼ぶにはムリがある。

私は、古式捕鯨や母船式捕鯨を一緒くたにまとめて、捕鯨を日本の伝統文化とはいえないと考えている。

事故を生き延びた鯨組の面々は、ノルウェーの技術を導入して細々と捕鯨を続けた。大背美流れから五六年後の一九三四年、日本は南極海捕鯨に進出する。「鯨組」の末裔も捕鯨船に乗り込んで南極を目指した。いつしか太地では過酷な南極海捕鯨に従事する男たちを、親しみと敬意を込めて「南極さん」と呼ぶようになる。もっとも南極さんが多かった一九六二年には、人口の約五％に当たる二二三人もの男が南極を目指した。

第一章に登場した第三勇新丸の通信長・鈴木寿治（ひさじ）は太地町出身である。

調査捕鯨時代、南極海の航海を終えて帰郷すると、見知らぬおじさんや老人からたびたび呼び止められたという。

「最近、どうだ」

鈴木個人を気にかけているのではなかった。元南極さんが、現役の南極さんである鈴木に「捕鯨と南極海の近況」を尋ねてくるのだ。

太地出身の船員はいまや鈴木だけ。彼は「最後の南極さん」として、シーシェパードやグリーンピースが妨害した南極海での調査捕鯨だけでなく、『ザ・コーヴ』で批判された追い込み漁も経験した稀有（けう）な人物である。

以前、私は鈴木に太地の妨害活動について聞いたことがある。

「ぼくの場合は、太地で直接妨害を受けたり、批判されたりした体験がないから、なんとも言えないのですが……」

鈴木は言葉を選ぶように、ふるさとの仲間をおもんぱかった。

「太地はヒドい批判にさらされたじゃないですか。それでも太地の身近な人たちと酒を飲むと愚痴もこぼさず、楽しそうに追い込み漁の話をしたり、やりがいを語ったりするんです。みんな誇りを持って、ガマンしてやっている。そんな姿を見ると、自分たちも負けてられないなって。捕鯨の意義とか、伝統がどうかというよりも、いま自分の仕事を、できることを一生懸命にやらなければ、と感じるんです」

私にとってはじめての書き下ろし書籍となった『捕るか護るか？　クジラの問題』の舞台のひとつが太地だった。鈴木や太地町立くじらの博物館の名誉館長だった大隅の力を借り、太地に通いながら『ザ・コーヴ』にヤクザとして登場する漁業関係者や行政職員、昭和の商業捕鯨を経験した元船員に取材を重ねた。

『捕るか護るか？　クジラの問題』発売の二カ月後の二〇一〇年六月、私は『週刊朝日』編集部から、騒動の渦中である太地のルポや、リック・オバリーへのインタビューの依頼を受ける。駆け出しのフリーライターだった私に声がかかったのは、太地の関係者のほとんどが新規の取材には応じない方針だったからだ。

いくつかの質問を準備した私は、都内のホテルに向かった。

リック・オバリーとの対話

私が反捕鯨活動にかかわる人物に対して、感情的で非論理的という先入観を抱いていたからだろう、七一歳のリック・オバリーは落ち着いた語り口が誠実な印象を与える人物だった。

一九三九年生まれのリック・オバリーは、イルカの元調教師である。二〇代の頃、フロリダ州マイアミの水族館で勤務する傍ら、一九六四年から放送がはじまったテレビドラマ『わんぱくフリッパー』の制作にたずさわった。イルカのフリッパーと少年たちとの友情、自然保護区公園の監視員との交流を描いた大ヒットドラマだ。

「水族館での飼育がイルカの保護や社会教育につながると信じていた」

ホテルのラウンジでリック・オバリーはそう口を切った。

「けれども、徐々に間違いだと気づきました。暴力的に捕獲する。そして親から引き離された子イルカに無理矢理ショーを教え込む……。私の目の前で多くのイルカがストレスで衰弱し、死んでいきました。フリッパー役のイルカも私の腕の中で命を閉じたのです。人間が地上で生活しているように、イルカやクジラは海中にいるべき野生動物です。人間と同じくらいの知性を持つイルカを捕獲し、狭い檻に閉じこめるのは間違いだ。そう確信して一九七〇年からイルカの解放運動や捕鯨に反対する活動をはじめたんです」

太地の追い込み漁反対運動にかかわるきっかけについてはこう話した。

「太地が世界最大の虐殺現場だからです。太地の追い込み漁を知ったのは、二〇〇三年。フランスの新聞で、血で真っ赤に染まった入り江の写真を見ました。実際に訪れると、信じられないような残酷な光景が繰り広げられていた。なんとか食い止めたいと思った」

リック・オバリーはイルカの追い込み漁を「残酷」だと批判した。リック・オバリーの主張と、南極海の調査捕鯨に反対するシーシェパードやグリーンピースなどの反捕鯨団体に共通するのが「残酷」という視点である。

インタビューをした当時は、アメリカ軍によるイラク空爆がニュースに取り上げられていた。残酷という点では、イラク空爆の方がひどいのではないか。

彼は「私もイラク戦争には反対です」と極めて冷静に語った。

「ただ残念ながらひとりの人間ができることは限られている。私は神の使いではないので多くの問題を解決して、すべての動物を救うことはできません。だから私の人生に深くつながり、影響を与えてくれたイルカにこだわりたい。私が必要とされない状況、つまり世界からイルカの虐殺がなくなる日まで活動を続けていきます」

もうひとつの反捕鯨の共通点が、イルカやクジラの脳や知性について、である。

リック・オバリーは言った。

「現在の姿に進化してからの歴史を比べれば、イルカの方が人間よりも遥かに長い。しかもイルカの脳のサイズは人間よりも大きいでしょう」

シワが多く巨大な脳を持つイルカは、知能が高く、複雑な言語と高度な倫理観を持ち、いずれは人間と会話ができる。一九六〇年代にそう主張したのが、アメリカの大脳生理学者であるジョン・C・リリーだ。この説は捕鯨に反対する立場をとる人々に支持されて、「スーパー・ホエール」の根拠のひとつになった。

イルカやクジラに知性があるから、捕鯨に反対するのか。

私の疑問にリック・オバリーは「知性とは人間がつくり出した言葉だから、イルカやクジラ

『ザ・コーヴ』主演のリック・オバリー（2010年撮影、提供：産経新聞社）

に知性があるかどうかは一概にはいえませんが」と前置きし、やはり落ち着いた様子で続けた。

「私はイルカの利他的な行動にも魅力を感じます。五歳の私に母はこう話してくれました。『イルカは人間を助けてくれる動物だ』と。ギリシャ時代からイルカやクジラが人間の命を救ったという物語は枚挙（まいきょ）に暇（いとま）がありません。イルカやクジラは無償で人を助ける動物なのです」

　クジラと人間をめぐる古い物語のひとつが『旧約聖書』の「ヨナ書」だ。神の使いであるクジラに飲み込まれた預言者ヨナは、腹のなかで三日三晩過ごしたあとに地上に吐き出される。神の力を思い知ったヨナは人々に神への恭順を伝える。その結果、町は滅亡を免れる。ある意味では人を救う物語ともいえる。童話「ピノキオ」のもとになった逸話だ。

ただし、彼が語る鯨類の「利他的な行動」には科学的に疑問符がつけられている。イルカやクジラは海面に浮く物を突く習性がある。救済の物語を残せたのは、運良く岸に押し戻されて生き延びた者たちだ。対して、沖に向かって突かれた者は、証言の機会を永遠に奪われてしまう。私がそう指摘すると、彼は少しだけムキになったのか、語気を強めた。

「あるサーファーは、襲ってきたサメをイルカが押し退けてくれたと感激していた。イルカやクジラが人間を救うのは否定できない事実です。だから太地で残酷な行為を目の当たりにしたとき、何とかしなければ、と使命感を抱いたのです」

すり替わる論点

やがてリック・オバリーは、イルカの肉は水銀に汚染されていると主張しはじめた。

「イルカは食物連鎖の頂点にいます。私がイルカ肉をテストしたら水銀レベルが高かった。太地の人々は食文化だと主張するが、それでいいのでしょうか。有毒な物質を含んでいるのだから子どものためにもすぐにやめるべきです。この問題は動物愛護というよりも、人間の健康の問題なのです」

シーシェパードに参加した日本人女性もまた、鯨肉にふくまれる水銀を危惧していた。水俣病を引き合いに出すリック・オバリーに対して、私は次のように更問(さらと)いした。

工場排水の有機水銀が原因の公害と、自然界に存在する水銀が食物連鎖でより大型の水棲生物に蓄積されていく「生物濃縮」を同列に語れるのか。現に、太地町には水俣病の症状を訴える住民はいない。記憶に残るのはリック・オバリーのこんな理屈である。

「イルカの惨劇を食い止めて、捕鯨をやめさせるにはどうすればいいか。日本人の友人に教えられたのが、〝ガイアツ（外圧）〟です。メディアを通して世界中に伝えることだと。つまり『ザ・コーヴ』自体が太地のイルカ漁に対する〝ガイアツ〟といえるのです」

太地の古式捕鯨が終わる遠因となったのが、黒船来航という〝ガイアツ〟だった。一五〇年の歳月を経て再び太地は〝ガイアツ〟にさらされているのかと感じた。

リック・オバリーは、利他的な行動をとるイルカに対する残酷性を訴えていたはずだが、いつの間にか水銀汚染の危険性を熱心に説明し、「動物愛護というよりも、人間の健康の問題」と何度も強調した。論点がすり替わっていたのである。彼は、それがイルカの追い込み漁を阻止する近道と考えたのだろう。

ここがＩＷＣで繰り返された、日本と反捕鯨国のかみ合わない議論に通じる部分だ。当初、捕鯨問題の争点は、資源量の減少と絶滅に瀕した種の保護だった。その後、種によっては資源量の回復が明らかになる。

次に反捕鯨国が持ち出したのは、倫理的な捕鯨である。残酷な殺し方は許せない。クジラを苦しませない改善策を示せ、と反捕鯨国は迫った。

先述したように船員たちはまず即死率や致死時間を計測した。即死率を高めて、致死時間を短縮するために、技術の向上やライフルの導入を試み、結果を出した。

すると捕鯨という行為が反倫理的だから中止すべきと、議論というにはあまりに一方的な圧力をかけてきた。こうして反論の余地はなくなり、最終的に日本のＩＷＣ脱退へとつながっていく。

近年、「動物の権利」運動が盛んになっている。家畜やペットをふくめた動物の飼育、野生動物の食肉への利用、害獣駆除をなくして、人間と同様に扱おうという動きである。そうした観点からすれば、クジラという野生動物を資源と捉える捕鯨は時代遅れに映るのだろう。

「動物の権利」を突き詰めると、卵や牛乳などは口にする菜食主義を超え、あらゆる動物由来の食物を口にしないヴィーガン主義に行き着くしかなくなる。個々の生き方としてのヴィーガン主義は理解できる。しかし他者にも強要するのはどうなのか。私には、多様性を考慮しないヴィーガン主義は、行き過ぎた考え方としか思えない。

代替としてのホエール・ウォッチング

もうひとつ気になったリック・オバリーの発言がある。

「昔、アメリカには奴隷制度がありましたが、ご存じの通り廃止された。文化や慣習は変わっていくもの。残酷なイルカ漁や捕鯨の代わりに、ネイチャー・ツアーやイルカ・ウォッチングを産業化すれば、漁師たちも生きていける。太地の漁師もそんな生業を模索できるはずです」

彼はそう語りインタビューを締めくくった。

捕鯨の代わりにホエール・ウォッチングを。それは覚えのある主張だった。

二〇〇七年に刊行された『オデッセイ号航海記』を読んでいたからだ。著者はアメリカの鯨類学者、ロジャー・ペイン。一九九〇年代に叫ばれはじめた先述の「スーパー・ホエール」の根拠のひとつであるザトウクジラの〝歌〟を発見した人物でもある。彼はＩＷＣ加盟国でホエール・ウォッチングに参加した人が使う金額が、七億七九八二万七〇〇〇アメリカドルになるという数字を挙げる。

日本語訳が発売された二〇〇七年当時、円高が進行し、一ドルは一〇〇円ほどだった。日本円に換算すると七七九億八二七〇万円が、ホエール・ウォッチングに参加した人が消費する計算になる。

その上で〈ホエール・ウォッチングの経済的恩恵が捕鯨の経済的恩恵を上回っていることを意味しており、仮に捕鯨が再開されてもその事実は変わらない〉と記す。

日本では一九九四年から一九九八年にかけてホエール・ウォッチングに参加する観光客が倍増し、五万五〇〇〇人に達したという。ホエール・ウォッチングは、すでに廃業したか、廃業間際の捕鯨産業にたずさわる人に対する新たな雇用先となるともある。日本、アイスランド、ノルウェーを念頭に置いた記述だ。

ロジャー・ペインもリック・オバリーも、クジラやイルカを捕獲ではなく、観察やレジャーの対象にした方がいいと訴える。経済効果だけを見れば、その通りなのかもしれない。

だが、船団長の阿部や通信長の津田、砲手の平井、大包丁の矢部たちが、稼げるからという理由でホエール・ウォッチング業に転職するとは考えにくい。

職業の選択は、その人の生き方でもある。

捕鯨に金銭に換えられぬ価値を見たからこそ、彼らはクジラを追い続けている。

また、こうも思う。捕鯨か、ホエール・ウォッチングか。あえて二者択一にしなくてもいいのではないか。

実際、イルカ漁を続ける太地の隣にある那智勝浦町は、人気のホエール・ウォッチングスポットである。紀伊半島では、捕鯨とホエール・ウォッチングが共存している。

後日、リック・オバリーとの対話について大隅に報告した。徒労感をにじませた大隅の口ぶりが忘れられない。

「合理的なクジラ資源の管理には、しっかりとしたシステムづくりが不可欠です。反捕鯨の立場の人たちに理解してもらおうと、私たちは時間をかけて、彼らが設けたハードルをクリアしてきました。でも、ひとつクリアすると次のハードルが出てくる。科学的にはなんら問題がないとしても、IWC総会で反捕鯨国が絶対に認めてくれない。最終的には、残酷だ、非倫理的だと批判される。IWCでもいたちごっこだった。今度は水銀汚染ですか……」

『ザ・コーヴ』が太地を騒がせた二〇一〇年の五月。

〝いたちごっこ〟は、新たな局面を迎える。

調査捕鯨の正当性を疑問視したオーストラリアによって、国際司法裁判所に日本が提訴されたのである。

八　南極海を遠く離れて

国際司法裁判所の判決

「はじめは絶対に勝てるという話だったんです。我々も自分たちの調査に自信を持っていました。まさか負けるとは思っていなかった」

船団長の阿部は国際司法裁判所の判決について、そう語った。

オーストラリアが南極海での調査捕鯨の停止を求めて、国際司法裁判所に提訴したのは、二〇一〇年五月三一日のことだった。

オーストラリアは、第二次の南極海鯨類捕獲調査を、鯨肉の販売を目的とした「疑似商業捕鯨」だと断じ、調査を騙(かた)った商業捕鯨は「商業捕鯨モラトリアム」に違反していると訴えた。

オーストラリアの訴状に対して、日本は科学的な調査である証明を迫られた。そして南極海の調査捕鯨により、一九八八年から二〇〇九年までに作成された論文実績を、答弁書とともに提出する。実績には、IWCなどに提出したり、査読付きの印刷物に掲載されたりした合計三〇二本の論文と、一九九回の科学シンポジウムや会合などでの発表もふくまれた。

二〇一三年六月下旬から三週間かけて行われた口頭弁論の末、翌年三月に判決が下された。

第二次の南極海鯨類捕獲調査に限らず、すべての調査捕鯨は国際捕鯨取締条約第八条一項に記された特別許可に基づいて行われる。八条一項には次のような一文が記されている。

〈締約政府は、同政府が適当と認める数の制限及び他の条件に従つて自国民のいずれかが科学的研究のために鯨を捕獲し、殺し、及び処理することを認可する特別許可書をこれに与えることができる〉

つまり調査捕鯨の目的は、あくまでも「科学的研究」でなければならないのだ。

しかし判決は、第二次の南極海調査捕鯨を科学の枠を外れていると指摘した。国際司法裁判所は、オーストラリアの主張を支持したのである。

判決を要約するとポイントは、大きく三つ。

ひとつ目が、ミンククジラ九三五頭、ナガスクジラ五〇頭もの数を殺す必要があるのか。加えて、計画通りに捕獲できていない年が続いている。それでは、科学的な成果がえられないのではないか。

二つ目が、第二次南極海調査捕鯨はいつ終わるのか。終わる時期が見通せないプロジェクトは、科学的な調査といえるのか。

三つ目が、国内外の研究機関との連携が不十分なのではないか。

そんななか日本の主張が認められた点も多々あった。

判決では、時代が変わろうとも〈鯨族の適当な保存を図つて捕鯨産業の秩序ある発展〉という国際捕鯨取締条約の目的に変わりはないと認めた。クジラの持続的利用を訴える日本の意に即した判断だったといえるだろう。

オーストラリアはクジラを殺す致死的調査について懸念を示したが、判決では致死的調査自体は否定しなかった。

また、日本が鯨肉を販売しているからといって「疑似商業捕鯨」とはいえないとも言及している。

この結果を、船員たちはどう受け取ったのだろうか。阿部は言う。

「南極海での第一次調査の正当性は裁判でも認められました。しかし裁判では第二次では、計画の頭数が捕れてないという話になった。我々としてはシーシェパードの邪魔が入って仕事ができなかった。妨害さえなければ、計画通りに捕獲できたはずなんです。でも、裁判では計画通りではないからダメだと判断されてしまいました」

原因のひとつが、阿部が指摘していた捕獲枠の拡大である。

国際司法裁判所の判決が出るまでの南極海の調査捕鯨は一九八七年から二〇〇四年までの第一次と、二〇〇五年から二〇一五年までの第二次に分けられる。第一次の捕獲枠は、最大でも年間クロミンククジラ四四〇頭だったが、第二次ではクロミンククジラを最大九三五頭に増やした上、ナガスクジラも捕獲した。

捕獲枠の拡大がシーシェパードの活動を活発化させたきっかけになった。だとすれば、水産庁の捕獲枠拡大という決断が、自らの首を絞める結果となったといえるだろう。

脱退という決断

国際司法裁判所の判決の前年にＩＷＣの日本政府代表に就任した森下丈二は「日本の捕鯨には、三つの選択肢が残されていました」と指を折った。

ひとつ目の選択肢が、捕鯨を完全にあきらめる。

二つ目が、ＩＷＣを脱退し、日本独自に商業捕鯨を再開する。

三つ目が、従来通りにＩＷＣに残る。

森下は三つの選択肢すべての可能性を視野に入れつつ、判決から半年後に開催された二〇一四年九月のＩＷＣ第六五回総会に出席した。

判決を受け、日本は従来の調査計画とは別の新たな調査プログラムをＩＷＣに提出しつつも、南極海で実施する調査捕鯨の一年間の中断を決めていた。

漂流する日本の捕鯨はどこに流れ着くのか。

難しい舵取りを強いられるなか、森下はＩＷＣ総会で反捕鯨国の政府代表団に素直な態度で問いかけた。

「我々の調査では、科学的な証明が十分ではないのだろうか。だとしたら何が足りないのか教えてほしい」

「我々が国際捕鯨条約の条文を読み違えているから、要求が受け入れられないのだろうか」

「商業捕鯨再開に足りない条件があるなら率直に指摘してくれないだろうか」

けれども、期待した答えは返ってこなかった。

「捕鯨反対は、国民の意思だ」

「条件以前に捕鯨は許されない行為だ」

それまで捕鯨問題の議論は、捕鯨国と反捕鯨国の関心のバランスの上に成り立っていた。捕鯨国は、反捕鯨国に理解してもらえるよう、捕獲する頭数の科学的な根拠や、捕獲による資源へのダメージをいかに回避するかの方法を示した。対して、反捕鯨国は、調査捕鯨を容認しつつも、南極海での商業捕鯨を禁ずるサンクチュアリ化を提案したり、動物の権利の観点から「人道的捕殺」を求めたりした。互いに反発し合っても、落とし所や妥協点を探ってきた。異なる考えを持つ者同士が試みる対話のあるべき形だったといえるかもしれない。しかしいつしか対話が成立しなくなる。

「議論がかみ合わない前提として」

そう前置きした森下は端的に語った。

「日本をふくめた商業捕鯨再開を求める国、捕鯨を支持する国はクジラをサステナブルな資源と考えています。一方で捕鯨に反対する国はカリスマ動物として受け止めている。反捕鯨国のほとんどはレベルとニュアンスの差はありますが、捕鯨のほかに生きるすべを持たない先住民による『生存捕鯨』以外のすべての捕鯨を禁止すべきと考えているのです」

二〇一六年にスロベニアのポルトロージュで開催された第六六回ＩＷＣ総会でも、森下が「数学の試験に合格するために、英語の勉強に励んでいる状態」と漏らすほど、主張は交わらなかった。

たとえば、日本は、これからのＩＷＣのあり方の議論をホームページで公開したらどうかと提案した。しかし一部の反捕鯨国が難色を示す。持続的な利用を求める日本をはじめとする国々と捕鯨について議論をするだけで国民が反発するからだという。許されるのは、南極海からの撤退を求めるための一方的な圧力だけ。もはやそれは対話ではない。

こうしたやりとりを繰り返してきた森下たちは、いままで通りにＩＷＣに残るという三つ目の選択はありえないという結論にたどり着く。

日本の捕鯨が調査から商業へと舵を切らざるをえなかった場——そこが大西洋沿岸に浮かぶブラジル・サンタカタリナ島にある湾岸都市フロリアノポリスだった。

二〇一八年九月一〇日から一四日にかけてＩＷＣの第六七回総会が開催される。

日本は、クジラという資源を管理する機関としての役割を取り戻すための「ＩＷＣ改革提案」を提出した。森下が解説する。

「ＩＷＣに考え方が真逆の二つのグループが存在しているわけです。意見や考え方が異なり、話も通じない。それなら、家庭内別居のように、互いに過度に干渉し合わずにＩＷＣのなかでは共存しましょうという提案でした」

一方でホストであり有力な反捕鯨国であるブラジルはクジラ保護を重視する、「フロリアノポリス宣言」の採択を提案した。

二〇一八年当時、ＩＷＣの加盟国は八九カ国。うち捕鯨を容認する国は、日本をふくめてノルウェー、アイスランド、ロシアなどの捕鯨国をふくめた四一カ国。捕鯨を支持しない国は四八カ国を数えた。

利用か保護か。資源かカリスマ動物か。

捕鯨をめぐって、一九七〇年代から延々と続けられた、答えの出ない二択である。

ＩＷＣは日本の家庭内別居案を否決し、フロリアノポリス宣言を採択した。

その結果、日本は先延ばしにしてきた決断を迫られた。森下はこう述懐した。

「日本のＩＷＣ脱退が唐突に見えた方もいるかもしれません。しかし、二〇一四年の総会から二年おきに開かれた二〇一六年と二〇一八年の総会でも慎重に対話を重ねてきました。すべての可能性を見据えて時間をかけて話し合った上で、ＩＷＣを脱退し、日本の二〇〇海里内で商業捕鯨を再開するという決断にいたりました。ただし、失うものも大きかった。国際交渉の場では一〇〇％の完全勝利はありえません。何かをえるためには、何かを犠牲にしなければならないこともあるのです」

日本は、三二年もの歳月とコストをかけて調査捕鯨を続けてきた。目的は、クジラ資源が豊富な南極海で商業捕鯨を再開するためだった。南極海の捕鯨を手放す代償に、日本の二〇〇海里内での商業捕鯨再開を選び取ったのである。

森下は「ただし」と話をつないだ。

「水産庁の一部関係者がＩＷＣ脱退を訴えても、内閣総理大臣が納得しなければ、国としての正式な決定はできません。ＩＷＣが南極海での商業捕鯨のモラトリアムを決定したのが一九八二年。それから四〇年近い歴史のなかで、いろいろなことを試しました。科学的なデータをそろえて、資源量を減らさずに持続的に捕鯨ができるような仕組みも構築した。ほかに手がないというところまでやった末の決断だったのです」

時の総理大臣は安倍晋三。二〇一八年一二月二六日、官房長官だった菅義偉のＩＷＣ脱退にかんする談話がメディアを通して伝わった。

「クジラ資源の保護のみを重視する国からの歩み寄りが見られず、九月のＩＷＣ総会でクジラ資源の持続的利用の立場と保護の立場の共存が不可能であることが改めて明らかになり、今回の決断にいたった」

菅はこうもコメントした。

「鯨類の資源に悪影響を与えないよう、ＩＷＣで採択された方式により算出される捕獲枠の範囲内で、領海内で商業捕鯨を行う」

南極海に届いたＦＡＸ

ＩＷＣ脱退の談話が報じられた翌日の一二月二七日早朝、日本から一万キロ以上離れた南極海の北部海域は凪いでいた。

濃紺の海の先に、青みがかった氷山がいくつか突き出ていた。晴れた空と穏やかな海の間を、ときおり冷たい微風が吹き抜ける。陽光が反射した海面が白く瞬いていた。

南極海の調査捕鯨に従事するキャッチャーボート・勇新丸で通信長をつとめていた津田憲二

は、陸からの思いがけない一報に目を疑った。

津田は毎朝四時頃に起床すると船室に併設された無線室で、陸上から短波無線ファクシミリで届く新聞を確認する。

ファクシミリの受信は、日本時間の深夜〇時頃からはじまり、通信状況にもよるが約二時間かけて完了する。その新聞をコピーし、ブリッジや食堂などに掲示するのも通信長の役割だ。

〈日本、ＩＷＣ脱退へ〉

手にした感熱紙に浮かび上がった見出しに、津田は言葉を失った。

ＩＷＣ脱退は、自分がいままさにたずさわっている南極海での捕鯨の終焉を意味するからだ。日本の調査捕鯨は、国際捕鯨取締条約に基づいて続けられてきた。ＩＷＣ脱退後に南極海で調査捕鯨を行うことは、国際条約違反となる。

二〇一八年の調査捕鯨で南極海へ向かった乗組員は一六〇人。ＩＷＣ脱退は、彼らの仕事が消失する可能性を示していた。

南極海の船上にいた津田は、捕鯨の現場を支えてきた自分たちの知らないところで、日常と仕事が奪われる決定がなされたと知る。

見慣れたはずの南極海の風景が愛おしかった。

これが、最後の南極海か。

寂しさ、憤り、喪失感が渾然（こんぜん）とした感情におそわれた。

キャプテンらにＩＷＣ脱退について伝えた津田は、昼過ぎに遠く離れた自宅で待つ妻、玲にメールを送る。

夫妻は三カ月前に第三子を授かったばかりだった。妻に心配をかけるわけにはいかない。津田はあえて明るい調子でメールを打った。

〈これからはクリスマスや正月を家族で一緒に過ごせるよ。南極海の調査が終わっても、日本の捕鯨はこれからも続くはずだから大丈夫……〉

湯河原市の自宅でメールを読んだ玲は、必死で想像をめぐらせた。

調査捕鯨が終わると夫の仕事がどうなるのか。家族の暮らしがどう変わるのか……。突然のことに、具体的な像が結ばない。ただ漠然とした不安だけが胸にわだかまった。

ＩＷＣ脱退は、第三勇新丸のキャプテンとして南極海にいた阿部にとっても青天の霹靂だった。三〇年以上も、オレたちはなんのために調査をやってきたのか。資源量の回復は証明できた。それは、南極海での商業捕鯨を再開するためだったはずだ……。

阿部は無力感に苛まれた。

南極海を棄てる。その選択に納得ができなかった。

日本の捕鯨がついに終わった。悲観がこびりついて離れなかった。

ＩＷＣ脱退とともに、日本の二〇〇海里内での商業捕鯨再開が報じられてはいた。

阿部たちは、いままでは南極海と北西太平洋という広大な海原を職場としてきた。ともにたくさんのクジラが生息する海域だった。

新たな商業捕鯨の漁場は日本の二〇〇海里（ＥＥＺ）内である。

広さは、調査捕鯨時代の四割程度。そのなかでも、操業海域は三陸沖と北海道沖になる見込みだった。調査時代とは比較にならないほど狭い海域をフィールドに、商業捕鯨を成立させなければならない。

とすると規模は縮小せざるをえないだろう。調査捕鯨がはじまって入社した津田や平井、矢部たちは、年齢を重ねて家庭を持ち、子どもを育てている。これだけの人員の暮らしを守り、船を維持できるのか。阿部はもどかしさを口にした。

「捕鯨という産業は、調査捕鯨という形で延命させてもらいました。南極海での商業捕鯨再開という望む形ではなかったけれど、昔からつながる技術や心意気が伝えられた。その点で調査捕鯨には大きな意味があったとは思います。でも……」

阿部は懸念を払拭できなかった。

二〇〇海里内だけで、本当に捕鯨は続けられるのか、と。

人類の南極海

阿部や津田たち乗組員が、捕鯨の意義を見い出し、仕事の現場であり、その人生のなかで少なくない時間を過ごした南極海にこだわる気持ちはわかる。

だが、なぜ、日本は多額の税金を投じてまで、遠く離れた南極海にこだわったのか。

調査捕鯨の終盤は、捕鯨対策費として毎年五一億円もの税金が投じられた。コストに見合ったリターンはえられたのだろうか。

捕鯨の取材をはじめて以来、私にとっての大きな疑問のひとつだった。

ＩＷＣ総会で南極海のサンクチュアリ化案が可決されたのは一九九四年のことである。また二〇一六年には、南極海洋生物資源保存委員会によって、南極のロス海を世界最大の海洋保護区とする決定が同意された。保護区では、三五年にわたり、商用の漁獲などの禁止が決まっている。

ＩＷＣでも反捕鯨国がとくに非難したのが、南極海で行う調査捕鯨だった。

南極海で捕鯨を行ったから、日本は国際世論の反発にさらされるのではないか。

シーシェパードが抗議を行ったのは、南極海での調査だけだ。北西太平洋の調査には、抗議船を出さなかった。サンクチュアリや保護区となった南極海にこだわらず、日本の沿岸やＥＥＺ内での捕鯨に切り替えるという選択はなかったのだろうか。

私が大隅に疑問をぶつけたのは、南極海での抗議活動が激化した時期のことだ。

大隅は「そもそもね」とゆっくりとした口調で話しはじめた。

「南極海は、クジラ資源の宝庫です。全世界的にクジラ資源を見ると、生息地は南半球に集中しています。かつての商業捕鯨時代、全世界で捕獲した四分の三が、南半球に生息したクジラでした。そのクジラの多くが、南極海をエサ場にしています。そこで、クジラの生態や資源量を調べるのは、日本だけでなく世界中の人のためにとっても大切なことなのです」

そして彼は、南極海撤退という選択をおだやかに否定した。

「私はね、南極海のクジラは、地球全体の財産だと考えているんですよ。なにも世界中の人に鯨肉を食べろと言うわけではありません。ただ世界的に見れば、これから人口が増えていく。クジラに限らず南極海の生物資源を放っておいたら、世界的な食糧危機につながる恐れもある。南極海から調達できない分はほかにしわよせがいくでしょう。海に頼れないなら陸へ、という流れになれば、いま以上に農業や牧畜が盛んになり、陸の環境が破壊されてしまうかもしれない。それならいまあるクジラ資源を合理的に利用していけばいい。クジラは全人類の福祉のために還元していけるはずです。日本だけでなく、地球全体についての視野を持って、南極海をいかに利用していくかを考える。そんな発想が重要なのです」

けれども大隅の夢は、夢のままで終わろうとしていた。

あれは、調査捕鯨の存続が危ぶまれていた頃だから、二〇一五年か二〇一六年のことだった。調査捕鯨の行く末について、南極海の捕鯨について、雑談を交わしていると、大隅は誰に言うともなくぼそりと口にした。

「まさに、けいげいのあぎとにかく、ですね」

はじめて耳にした言葉だった。どんな漢字なのかも思い浮かばない。ポカンとする私に対して、大隅はかんでふくめるように説明してくれた。

「鯨鯢というのは、雄クジラと雌クジラのことで、あぎとはエラやアゴのことです。『義経記』で、源義経が兄の頼朝に宛てた手紙に〈屍を鯨鯢の鰓に懸く〉と書いています。クジラに飲み込まれそうになったけれどもアゴに引っかかった。つまり絶体絶命の状況や、九死に一生をえたことを意味する慣用句です」

日本の捕鯨は、幾度も鯨鯢の鰓に懸きながらも、命脈を保ってきた。船員たちが技術をつなぎ、大隅ら科学者たちが苦悩し、それでもあきらめずに調査捕鯨を続けたことで、日本の捕鯨は〝クジラのアゴ〟に引っかかり、生き延びてきたともいえる。

だが、〝クジラのアゴ〟の役割を果たした調査捕鯨は、様々な批判を浴びた。

科学を隠れ蓑にした商業活動なのではないのか。なぜ、保護区である南極海で調査を行うのか。年間数百頭も殺す必要があったのか……。

日本の捕鯨を延命させた調査捕鯨は、なぜ、国内外から数多の批判にさらされたのだろうか。

その疑問をある人物に聞くため、二〇二四年春、私は多摩ニュータウンに向かった。

九　悲しい失敗

夢のまた夢

日本の調査捕鯨の「科学」に疑問を呈してきた人物がいる。

鯨類学者の粕谷俊雄（かすやとしお）だ。

粕谷は、大隅の七歳年下の一九三七年生まれ。東京大学農学部、現在の日本鯨類研究所の前身である鯨類研究所、遠洋水産研究所と、同時代に大隅と同じキャリアをたどった研究者である。その後、三重大学と帝京科学大学で教鞭を執った粕谷に対して、大隅は亡くなるまで日本鯨類研究所に席を置いた。

ある時期まで同じ道を歩んだ二人だが、捕鯨に対する立場を異にする。

住まいがある多摩ニュータウン永山団地の集会所で、粕谷は調査捕鯨の是非や、商業捕鯨再開について語る前に、母船式捕鯨という産業自体に疑問を投げかけた。

「捕鯨はまともな産業として成立するのかどうか……。近海でクジラやイルカを捕って、地域で細々と利用していくのなら可能かもしれないですが、大規模な船団を組んで遠くの海まで捕りに出かけて行くという形にはムリがある。現に、歴史を振り返ると母船式捕鯨はすべて失敗しているでしょう」

昭和の商業捕鯨が終わりを迎え、調査捕鯨がはじまる二年前の一九八五年。ＩＷＣのコミッショナーで水産庁次長だった斉藤達夫の指示により、調査捕鯨計画立案作業がスタートした。水産庁遠洋研究所の池田郁夫所長を議長に据えた作業メンバーは、遠洋水産研究所からは大隅と粕谷ら六人、鯨類研究所からは山村和夫や加藤秀弘ら五人、ほかに統計数理研究所や東京水産大学の研究者、水産庁の行政官ら合計一六人からなった。

粕谷は立案にたずさわった後悔を口にした。

「いまもあの計画は正しくなかったと私は思っています。あんなにいかがわしくて、疑わしい計画立案にかかわったことも、自分の意見をはっきり言わなかったことも、よくなかった」

粕谷は、計画立案のメンバーに与えられた課題は「調査経費をまかなえる頭数を捕獲でき、しかも短期間では終わらない調査内容の策定だった」と振り返り、自問した。

「それが本当に調査といえるのか。日本の調査捕鯨は、科学研究のため、という国際捕鯨条約の精神に反したのではないか。科学的知見をえるために限定された数を捕るという本来の目的で調査捕鯨が行われたのなら、私も疑問は持たなかったでしょう。ですが、日本の調査捕鯨には、調査以外に二つの目的が隠されていたことは間違いありません」

粕谷が指摘した調査捕鯨に隠された目的とは次の二つだ。

ひとつが調査捕鯨によって、捕鯨の技術や組織を残すこと。

もうひとつが調査でえた鯨肉で利益をえること。

「調査といっても、人を雇って船を動かすにはお金が必要なわけです。もちろん技術を温存したり、利益をえたりする目的の捕鯨があってもいいんです。しかしそれは調査捕鯨ではありません。日本の調査捕鯨は科学ではなく、政治と経済が目的だったのです」

粕谷の指摘は、私がかつて大隅に聞いた調査捕鯨の意義を根本から揺るがす考え方だった。

大隅は、自身も策定にかかわった調査捕鯨の意義を五つに分けて語っていた。

「まず一番は商業捕鯨再開のために科学的根拠を示すこと。次に捕鯨技術の継承。ご存じのように捕鯨には、捕鯨船などの設備と、船員の方たちの高度な技術を必要とします。いったん停止してしまったあとに、再開が許されたとしても、設備や技術の復活が困難になってしまうのです」

さらに、持続可能な利用のための生息海域の理解を深めること。鯨食文化の維持、クジラに対する正しい知識の普及を挙げた。

計画立案作業はときにはホテルに缶詰になり、深夜まで話し合いがもたれた。立案作業について直接聞いたことはなかったが、大隅が自身の半生を振り返った『クジラを追って半世紀』を改めてめくると〈やっと纏(まと)まった原案に対して、時の中曽根首相の横槍が入って、採集標本数と調査期間を検討し直して完成させ〉たという記述がある。調査捕鯨は国策として行われた。立案に政治的な思惑が反映されたことを示唆する内容だ。

私は捕鯨技術の継承という役割を果たした調査捕鯨を肯定的に捉えていた。乗組員たちが身につけた特殊な技術を目の当たりにしていたからだ。また調査を継続するためにも、科学的なデータをえたあとの〃副産物〃としての鯨肉を売って費用をまかなう方法も許容できた。

だが、改めて言われてみれば、技術の継承も経済的な事情も、純粋な調査とは無関係だ。日本の捕鯨関係者側の都合である。

曖昧な余地を残さない考え方が、科学者としての粕谷の生き方を象徴するかのようだった。

鯨類学者の粕谷俊雄
(2014年撮影、提供:共同通信社)

「当初、日本の調査捕鯨では自然死亡率――年間に死亡するクジラの割合を調べる目的がありました。しかし結局はわからなかった。これは要するに、捕獲頭数の設定を間違ったということです」

自然死亡率はクジラの生態を知り、持続的に利用する上で重要な基礎データとなる。

私は「捕獲頭数の設定を間違った」という粕谷の言葉を、クジラを捕獲しすぎたという意味に受け取った。日本の捕鯨技術や鯨食文化を守るために、必要以上に捕獲枠を設けたのではないか。だから、粕谷は否定したのではないかと思ったのだ。だが、粕谷の考えは真逆だった。

「年間数百頭ではサンプル数が少なすぎたんです。数百頭では自然死亡率を解明できなかった。では、数千頭捕ればわかったのか……。そこまでの議論にはならなかったですが、意地悪な言い方をすれば、たくさん捕ったとしても自然死亡率を推定するのはムリだったのではないかと私は考えています。クジラの年間死亡率は数％のはずです。しかし数％という数字は、データから算出される誤差の範囲に過ぎないからです」

粕谷は解説を続ける。

「五〇年前と現在では海洋の環境は大きく変わっています。漁業の影響だけではなく、温暖化や海流変動でも海洋の生態系は変化する。当然、クジラも、その影響を受けて生活しています。仮に三〇年前の死亡率や出産率がわかったとしても、それがいまも同じと考えるのはムリがあるのではないでしょうか」

確かに二〇二二年の航海で、イワシクジラがなかなか発見できずに船員たちが困り果てていた。温暖化の影響でイワシクジラが北上してしまったのではないか。船員たちは、原因をそう推測していた。

クジラが生息する海域の環境が変われば、エサとなる魚やプランクトンも変わる。エサの変化は栄養状態に直結する。死亡率や出産率に影響を及ぼす可能性もあるのではないか。

粕谷は「そういうこともありえるでしょう」とうなずいた。

「クジラの一生には地球環境が大きくかかわっています。そのクジラにあらわれた現象が自然の影響なのか、漁業などのせいなのか、はっきりわかりません。それなのに、死亡率を把握して、資源管理に役立てようというのは、夢のまた夢だったということです」

動物の保護か食料増産か

私は以前から、調査捕鯨に懐疑的な意見を持つ科学者として、粕谷の存在を知っていた。大隅と粕谷は同じ道を進んだ時期もある。なぜ、二人の意見が分かれたのか。

関心を抱くきっかけが、遠洋水産研究所で一九八八年から大隅と粕谷の二人と机を並べた経験を持つ日本鯨類研究所顧問の加藤秀弘の話だった。

「大隅さんと肝胆相照らす仲だったのは、粕谷さん。ただし、大隅さんと粕谷さんは、捕鯨に対する考え方が違ったので、やがて離れてしまうんですけどね……」

粕谷の歩みを知ると、捕鯨に対する考え方の違いは、幼少期の体験、ひいては探求の動機に行き着くように思われた。食料難の解決を目指して学究の徒となった大隅に対して、粕谷が研究者を志すきっかけは、ふるさとの原風景だった。粕谷は言う。

「私と大隅さんとは、科学者としての立場が異なりました。大隅さんは漁業者側……もっと言えば、人類の視点に立って研究を続けていました。私は、漁業の繁栄よりも自然保護に関心を抱いてきました。子どもの頃から野生動物が好きだったんです。若い頃の感覚というか考え方はなかなか変わらないものなのですね」

一九三七年生まれの粕谷は、埼玉県川越市を流れる入間川に近い農家で育つ。武蔵野の山林に棲む鹿や猿、鳥などの野生動物が身近だった。

一九五〇年代、中学生になった彼は、人の手によりつくり変えられていくふるさとの風景を

1968年、紋別港でのセミクジラ特別捕獲調査にて。
後列左から2番目が大隅、右端が粕谷（提供：日本鯨類研究所）

目の当たりにする。雑木林が切り開かれて、住宅や工場が建ち並んだ。

それは、慣れ親しんだ野生動物たちのすみかが奪われることを意味した。野鳥が去った雑木林跡や、農薬の影響でホタルやタナゴが消えた小川に、粕谷少年は心を痛めた。

彼は、野生動物について学ぼうと東京大学農学部に進学した。鯨類の講義を受講すると、大隅の師である西脇昌治が教壇に立った。

「これからお前たちは卒論を書くのだろう？　もしもクジラで卒論を書きたいヤツがいたら、オレのところに来い」

この一言が、粕谷が生涯をかけて鯨類と向き合うきっかけとなる。

粕谷が、西脇、大隅らと静岡県伊東市川奈でのスジイルカの調査に参加したのは、一九六〇年秋のことだった。それが、クジラにかんするはじめてのフィールドワークとなった。西脇の指導でマッコウクジラの年齢査定に取り組んだ粕谷は、大学を卒業した一九六一年に鯨類研究所の研究員になる。

「将来、お前は漁業の対象になる生物ではなく、生物の保護の方向に進むだろう」

入所当時、先輩研究者に言われた言葉を粕谷は、いまも覚えている。

「とはいえ、クジラの年齢査定をして、彼らの生活史を調べて資源管理に役立てることが、私たちが若い頃の夢だった」

私たち――その一言が気になった。

食料増産を目的にして研究者として持続可能な捕鯨と目指した大隅。片や、野生動物の保護という関心をもとに研究者の道に進み、捕鯨に慎重な姿勢を貫く粕谷。そんな二人が青春時代に同じ夢を抱いていたのか、と。

若かったからこそ、ともに追いかけられた夢だったのだろうか。思わずそう口にすると、八六歳の粕谷は「年寄りだって夢は持ちますよ」と笑った。

「実現が難しい期待を夢というのではないですか。いまもその夢は捨てたわけではありません。だから私はクジラを捕獲して利用することを否定はしていないんです。私も大隅さんもクジラを殺して人間のために利用するのは、許される行為だという点では同じ意見でした。やるなら適正な範囲で、管理しながらやるべきだという考えも同じです。そのためには、統計や実態の把握が不可欠になる。大隅さんは、クジラ資源の管理は難しいが可能であろうと考えていたのかもしれません。私は困難であると判断した。困難だから、油断せずに、うんと控えめに利用していかなくちゃいけないと考えています。違いは程度の差です。ただし、もし実際に計算して、どの程度なら捕っていいのか議論したら意見は分かれたでしょうね」

不正とごまかし

一九六一年夏、鯨類研究所の研究員になったばかりの粕谷は、捕鯨基地・鮎川を訪れてマッコウクジラをはじめて見る。

鮎川で行われていたのは、捕鯨船が捕獲したクジラを直接港に水揚げし、処理場で食肉などに加工する基地式捕鯨だった。粕谷は鮎川で信じられないウワサを耳にする。捕鯨会社が捕獲したクジラの数や体長をごまかしている——。

「それは研究者の間では常識だったんです。はじめて聞いたときは本当に驚きました。これが私が捕鯨業に不信を抱くきっかけになったんです」

昭和の商業捕鯨時代、捕鯨会社は捕獲し、解体したクジラの種類だけではなく、体長や性別を記録した報告書を定期的に水産庁に提出する決まりになっていた。

粕谷は、鯨類研究所の所長と西脇との会話を耳にする。

「いま鯨類研究所が作成する『北太平洋鯨類資源調査報告書』の数字を子細に点検すれば、公式統計との間に矛盾が見い出せるがさしつかえないか」

そう問うた西脇に所長は「さしつかえない」と応じたという。研究者たちもごまかしや不正を自明の事実として捉えていたからこそのやり取りだろう。

　粕谷によれば、当時の科学者たちは真の捕獲頭数は、報告された数の二倍から三倍になると考えていたという。

　捕鯨会社は、実態を把握しようとする科学者の立ち入りを拒否したり、巧妙にごまかしや不正を行ったりした。粕谷は「当時は確証をえるのは難しかった」と振り返る。

　二〇〇一年に日本近海捕鯨の取締役や鮎川事業所長をつとめた近藤勲によって刊行された『日本沿岸捕鯨の興亡』には、不正やごまかしが詳細に記されている。

　ある捕鯨会社の一九五六年の記録によれば、実際に捕獲した数は四六四頭だったが、一三八頭も少ない三二六頭と公表していた。しかし近藤は〈後から起こる隠蔽に比べるとまだ良心的だったといえる〉と強調し、より酷い改竄が行われた可能性を示唆する。

　この年からＩＷＣ内でのクジラ資源枯渇の懸念を受けて、水産庁は沿岸捕鯨のマッコウクジラの捕獲枠を自主規制した。そんななか捕鯨会社は、隠蔽やごまかしを行って、利益を上げようとしたのである。

　生産が最優先された乱獲の時代ゆえの過ちだろうか。そんな感想を呟いた私に対して粕谷は、「乱獲と違法操業は別です。ごまかしや不正は違法操業です」と事実を重んじる科学者らしく、訂正し、説明を加えた。

「違法操業はルールに反すること。乱獲は適正な漁獲量を超えて捕ることです。つまりルールを守っていたとしても、乱獲は起こりえます。仮に科学的に一〇〇頭捕っても資源には影響を与えないという結果が出たとしましょう。その研究結果に従って政府が一〇〇頭の捕獲枠を定めた。けれど、一〇〇頭捕ったために資源量が減ってしまったとしたら、それは合法ではありますが、乱獲になる」

捕獲頭数のごまかしのほかに、どんな違法操業が行われていたのだろうか。

『日本沿岸捕鯨の興亡』には、一九六〇年代に行われた〝隠滅の手法〟について次のような具体的な記述がある。

捕鯨会社は、捕獲したクジラの数や性別、大きさを隠すために、水産庁の監督官を麻雀や温泉、酒などの接待漬けにしたり、アメリカからの国際監視員をわざと港から離れた場所に宿泊させたりしてクジラの処理場に近づけないようにした。

また捕獲できるクジラのサイズも決められていたが、監督官の前で、巻き尺を袖に押し込んで、実際よりも大きく申告するごまかしも行われた。小さなクジラは捕獲を制限されていた。乱獲と違法操業の結果、成熟した大きなクジラは激減していた。少しでも利益を上げるために、規制されていた小柄なクジラを捕獲していたのだ。

告発

一九九〇年代に入り、粕谷は長年抱いた疑問を確かめるべく、かつて鯨類研究所が毎年作成していた生物調査の報告書をもとに、クジラの総数を事業所がある地域ごとに集計した。

「私もふくめた科学者が報告書に記した捕獲数以外にも、捕鯨業者から手に入れた操業記録なども参考に統計を出しました。その数と水産庁に報告された捕獲数を照らし合わせてみると、明らかに数が合わない。捕鯨業者が公表する数が少なすぎるんです」

粕谷は一九九七年に発売された『レッドデータ日本の哺乳類』や、一九九九年に刊行された『国際海洋生物研究所報告　ＩＢＩ　ｒｅｐｏｒｔｓ　Ｎｏ．９』に掲載した『日本沿岸のマッコウクジラの統計操作について』などで、捕獲頭数の統計が捕鯨業者に操作された事実を公表する。

一九一〇年から残される日本沿岸の捕鯨統計では、マッコウクジラの年間捕獲数は九〇〇頭以下に過ぎなかった。戦後は増加し、一九六八年から一九七二年の捕獲数は年間三〇〇〇頭を超えた。

『日本沿岸のマッコウクジラの統計捜査について』で、粕谷は日本沿岸で一九一〇年以降の七八年間に捕獲されたマッコウクジラが、約八万八〇〇〇頭だったという公式統計を記した上で、〈その正確さについては多くの疑問が提出されている〉と続けた。

粕谷は、関係者から提出された一九五九年から一九六一年の三陸・北海道沖の操業情報や、一九八四年から一九八五年の太地事業所の処理記録を解析した結果を次のように結ぶ。

〈少なくとも戦後の日本沿岸の捕鯨ではマッコウクジラ捕獲統計に頭数の過少申告、体長の不正報告、雌の過少申告などの操作が広く行われており、その程度は年、月、会社によって異なるとの結論に達した〉

二〇〇二年には粕谷は、近藤とともに実態をまとめた論文を作成し、ＩＷＣに提出した。粕谷や近藤が問題視したのは、主に沿岸捕鯨で行われた不正やごまかしだ。

しかし、ごまかしは南極海などの母船式捕鯨でもあったと粕谷は指摘する。

「母船式捕鯨でごまかしが行われたのは、生産第一だった一九六〇年代です。ソ連の母船式捕鯨では確実に行われていました。オランダにも疑いがあった。何頭か捕獲して大きな個体だけを生産に回して、小さいクジラは海に沈めてしまうんです。日本も、南極海や北太平洋で、そんなに多くはないが、若干のごまかしがあったと聞いています」

規制があり、捕獲できる頭数は決まっている。生産性が高い大きい個体だけを捕ったと申告し、小さな個体は記録せずに捨ててしまう不正だ。

不正やごまかしで思い出されるのが、日新丸の通信長・津田が語った言葉である。

「金儲けのためのごまかしやウソがまかり通るような職場だったら、ぼくは、いまここにいなかったでしょうね。反捕鯨になっていたかもしれない」

彼は過去に行われた乱獲や不正についてこんな考えを持っていた。

「漁師としてたくさん捕りたいという素朴な気持ちはわかります。でも、とくに捕鯨には過去に乱獲の歴史があった。それを忘れてはいけないと思うんです」

新人時代、津田は乱獲を経験したベテランたちに話を聞いた。

「あれはやっちゃいけなかった」「あのやり方は間違っていた」とみな口をそろえた。自慢げに語った先輩はひとりもいなかった。捕鯨という仕事にたずさわった誇りを回顧しつつも、商業捕鯨を終焉へと追い込んだ乱獲の後ろめたさ、後悔を口にした。津田は続けた。

「入社したときから、捕鯨を続けるためには昔のような乱獲や不正をしてはいけないという意識は持っていました。そのあたりは技術と一緒に、上の世代から受け継がれた、捕鯨を続ける上での大前提の意識だったのではないでしょうか」

けれども、津田たち調査捕鯨世代の船員たちの思いをよそに、過去の不正やごまかしは取り返しのつかない事態を引き起こしていた。

捕鯨のマイナスイメージ

ごまかしや不正が行われた結果、何が起きたのか。

もともと生息していた数を初期資源量という。初期資源量は、過去の捕獲頭数などをもとに割り出された。ヒゲクジラに用いられる改訂管理方式で算出される捕獲枠は、初期資源量などがベースになっている。しかし資源管理の基礎ともいえる初期資源量が、ごまかしや不正により、ゆがめられてしまったのだ。粕谷は嘆息した。

「悪いことばかり話してしまいましたけど、実際に悲しい失敗がたくさんあったんです。悲しい失敗のせいで、マッコウクジラの資源解析はダメになってしまった。資源量の計算がすべて狂ってしまったんです」

悲しい失敗は、捕鯨業者によるごまかしや不正だけではない。

水産行政の担当者たちにも、野生動物の保護や資源管理にかんするリテラシーが欠如していた。

一九六〇年に西脇や大隅とともにスジイルカの資源調査にたずさわった粕谷は以来、イルカ漁が行われる季節に、伊豆半島の川奈や富戸（ふと）の漁業者に連絡し、捕獲や水揚げについて尋ねた。粕谷がスジイルカの資源量が枯渇し、伊豆半島の追い込み漁の存続は厳しい状況にあるという論文を発表したのは、一九七五年のことである。

水産庁に足を運んだ粕谷は、担当者にスジイルカを持続的に利用していくためにも捕獲を規制して資源を守る必要があると訴えた。しかし担当者はこんな返答をする。

「もしもスジイルカの資源がダメになれば、伊豆の漁師はなにか別のものを捕るでしょう。だからスジイルカ資源を心配することはありません」

水産行政にたずさわる者でありながら、資源を管理し、持続的に利用する発想も野生動物を保護しようという意識もなかったのだ。

粕谷の懸念は現実となる。川奈では一九八三年を最後に、イルカの追い込み漁は行われていない。富戸では資源の減少を受け、二〇〇五年頃から二〇一八年まで漁を中断せざるをえなかった。それもまた資源管理や動物保護の「悲しい失敗」といえるかもしれない。

国内での不正やごまかしに加え、国際的に行われた密漁や密輸も日本の捕鯨にダーティなマイナスイメージを定着させていく。

代表的なのが、一九七六年に発覚したシエラ号事件だ。ＩＷＣの規制が効力を持つのは、加盟国だけ。非加盟国ならクジラを自由に捕れて、輸出もできた。非加盟国だったキプロス船籍のシエラ号は一九六〇年代後半から一九七〇年代にかけて、ＩＷＣが規制したクジラを年間約五〇〇頭捕獲した。密漁鯨肉の輸出先は日本。シエラ号にはノルウェー人船長のほか、四人の日本人も乗り込んでいた。

一九七〇年代から一九八〇年代には、ＩＷＣ非加盟国の台湾産鯨肉が韓国を経由して日本に輸出された。さらに一九八四年には台湾産サメ肉と偽り、鯨肉が密輸された事件も起きた。

利益を優先させれば、同じ轍を踏む危険性はつきまとう。

悲しい失敗は過去の話ではない。

二〇二三年二月、韓国で、日本から四・六トンの鯨肉を密輸した人物が逮捕された。日本の鯨肉加工業者などの協力がなければ、大量の密輸は難しい。日本ではメディアに取り上げられなかったが、日本の商業捕鯨の正当性を揺るがす事件だった。

悲しい失敗はすでに起きてしまっている。商業捕鯨を再開したいま、不正の防止や取り締まる仕組みをいち早く構築し、国際社会の信頼をえるよう努力する必要がある。

改めて調べてみると、粕谷が不正やごまかしといった失敗を〝悲しい〟と形容した気持ちがわかる気がした。

悲しい失敗は、彼が青春時代に夢見たクジラ資源管理の挫折でもある。それが、彼が繰り返し語った捕鯨という産業への懸念に深く根付いているように思えてならなかった。

二つの提言

私が水を向けなかったせいかもしれないが、大隅から、〝悲しい失敗〟について耳にした記憶はほとんどなかった。

「私の目には、大隅さんは捕鯨の暗部に触れたがらないように見えました。ただ、私が統計のごまかしなどセンシティブな論文を発表しようとしても、『やめておけ』とも『やりなさい』とも言わなかった。黙って応援してくれているような感じがしました。大隅さんは研究に対しては厳しい人でしたが、他者の自然観や人生観にはとても寛容だった」

口にこそ出さなかったが、粕谷には大隅が「オレにはできないけど、お前の論文もきっと役に立つはずだ」と受け止めているように思えた。

インタビューするなかで、粕谷と大隅の言葉が重なる瞬間が幾度かあった。二人の意見が一致する場合もあるが、言葉は重なるのに立場の違いが明確になるケースもあった。

たとえば、反捕鯨の立場の人たちとの対話について大隅は、「科学という共通言語が通用しない」と嘆いていたが、粕谷はこんな言い方をした。

「科学的な議論ではデータと結論を結びつけなければなりません。でもクジラはかわいいから捕るな、というのでは議論にならない。彼らと議論して合意はえられるのでしょうか……。私は難しいと思う。それもひとつの意見や生き方、あるいは宗教みたいなものでしょうから、『お好きなように』としか言いようがない」

また大隅は南極海のクジラを「地球全体の財産」と話していたが、粕谷はクジラやイルカなどの国際海洋資源を「人類の共有財産」と語った。

「クジラを人類の共有財産である国際資源だと考えるのであれば、国際協定のもとで利用を検討すべきです。地球上の空気や自然環境も共有財産だという発想がこれから必要になってくると思うのです」

地球や人類の財産をどう活用するか。食料難を救う一助になるポテンシャルがあると信じた大隅に対し、粕谷は利用に慎重な立場を貫いた。

大隅は「商業捕鯨を再開したのはよかったのですが、南極海からの撤退は実に惜しい」と喜びとともに悔しさもにじませたが、粕谷はどうだろうか。

「ＩＷＣを脱退して商業捕鯨を再開するというのは、法的には許されるのでしょう。しかし国際的に資源をどう管理していくかを検討するさなかに、ＩＷＣを脱退して独自で捕鯨をやるという選択は間違っていると思います。南極海からの撤退にかんして、私はとくに意見はありません」

商業捕鯨再開後に日新丸船団に割り当てられたニタリクジラ一八七頭、イワシクジラ二五頭、そして沿岸の基地式捕鯨に与えられたミンククジラ一四二頭という捕獲枠について話題がおよぶと粕谷はこう語った。

「いまの捕獲枠について、私はデータを持っていませんから、いいとも悪いとも言えません。ただ改訂管理方式に従っていると聞いていますが、データや議論をオープンにして管理していく上でも、捕鯨に批判的な研究者や科学者にも意見を求めていった方がいいのではないでしょうか」

粕谷の解答は、憶測や先入観を交えず、物事を是々非々で見る科学者のそれだった。

だが、粕谷が令和の商業捕鯨に向けた二つの提言に、彼が若き日に見た夢の残り香を確かに嗅ぎ取った気がした。

ひとつ目の提言が「過度な投資をするな」。

商業捕鯨になってからは六年おきに資源量を再評価し、捕獲枠を見直すルールになっている。もしも捕獲枠を削減しなければならない結果になったとしたら……。

「仮に次の年から捕獲数を三分の二にせざるをえなかったとしましょう。その決定に捕鯨会社が『わかりました』と従えるかどうか。もしも利益を見込んで過度な投資をしてしまっていたら、捕獲枠削減により、経営が成り立たなくなってしまう可能性もある。それを避けるためには過度な投資は避けた方がいい」

二つ目の提言が「敵を育てろ」だ。

それは、彼自身の苦い記憶に由来する。

一九九三年の第四五回ＩＷＣ総会を境に粕谷は日本政府団のメンバーから外される。調査捕鯨に対する苦言が日本政府団にとって不都合だと受け取られたのだろう。

「水産行政や捕鯨業界は、意見が異なる科学者を排除する傾向があるように感じます。ただそれは、とても危険なことなんです。見方が偏ってしまいますから。これまでは国内の意見が一致していたとしても、ＩＷＣの科学委員会で、異なる考えを持つ他国の研究者が意見してくれた。ＩＷＣは、意見の異なる科学者同士が十分に議論し、バランスを取れる場だったんです。しかし日本はＩＷＣを脱退してしまった。国内でも国外でもかまいませんが、敵――異なる意見を持つ科学者を育てないと独善に陥ってしまう恐れがあります」

同じ意見を持ち、利益をともにする者たちだけが集まる組織や業界は、一見すると一枚岩で強固な絆で結ばれているように見える。そうした組織は、追い風に乗れば、すさまじい推進力を発揮するだろう。

だが、問題は向かい風が吹いたり、思いもよらぬ嵐に遭遇したりした場合である。強固な一枚岩は裏を返せば、柔軟性に乏しく、変化に弱いともいえる。逆風をいなしたり、嵐が過ぎ去るまで耐えたりするためには、多様な意見や経験、見識が必要になる。そのために必要なのが、組織や業界の内側で育む多様性なのだろう。

では、日本鯨類研究所は、捕鯨業界に対する〝敵〟になりえないだろうか。

「それはムリでしょうね。成り立ちの経緯からいっても難しい」と粕谷は即座に答えた。

前身の鯨類研究所は大洋漁業のバックアップで発足し、一九五九年からは捕鯨会社で構成された日本捕鯨協会の附属機関として運営された。その後、調査捕鯨がはじまる一九八七年に組織改編し、日本鯨類研究所となる。その日本鯨類研究所は調査捕鯨を主導した。確かに、敵にしては産業との距離が近すぎるかもしれない。

敵を育てろ。

粕谷の提言には、科学を拠りどころにして生きてきた、ひとりのクジラ研究者の反骨が込められている気がしたのである。

イルカと生きた

「今度、これができるんです」

粕谷は書籍の表紙や目次をプリントアウトした用紙を差し出した。

表紙に描かれた四頭のイルカに囲まれるように、粕谷の名がクレジットされている。

これまで共著などを合わせると粕谷の著作は四〇冊近くに上る。すべてが、イルカやクジラをふくめた海棲(かいせい)の哺乳類や捕鯨にかかわる書籍だ。

「これをもって、最後の仕事としたいと考えております。もうこれ以上の研究活動はしません。研究者人生の後始末みたいなものです。編集者に言われたんですよ。研究者は専門書や大学生向けに書くのもいい。けれど、最後に一般の人にも理解できる本を書きなさいと」

〝最後の仕事〟という一言に驚いた。粕谷は捕鯨について時間を惜しまずに語ってくれた。研究への情熱が冷めていないように感じていたからだ。

私は、捕鯨の取材をスタートさせた当時から、粕谷の書籍や論文を読んでいた。鯨類の保護について感情を交えずにデータや調査内容をベースに解説する粕谷の論理的な筆致は、持続的な捕鯨を容認する私の気持ちを再三ざわつかせた。

はじめてインタビューした粕谷は、書籍のイメージ通り、こちらの誤りを正し、曖昧な質問には真意を問い直す。八六歳でありながら、語りも論旨も明晰だった。

何かの拍子に、太地で追い込み漁の対象となるゴンドウクジラが話題に上った。ゴンドウクジラは母親と子どもが一生にわたりともに暮らす。ゴンドウクジラのメスは六〇歳まで生きるが、三五歳頃には子どもを産まなくなる。そのために、群のなかの二五％程度を、出産できない高齢のメスが占めるという。

「そのおばあちゃんクジラが文化の担い手だと考えられているんです」

文化の担い手とは群のリーダーを指すのだろうか。素朴な質問に対して「そうです」と粕谷は続けた。

「おばあちゃんたちが経験や知識を保持していて、子どもや孫たちの生存に貢献していると言われています。シャチもそうなのですが、文化の担い手であるおばあちゃんが先に死ぬと子どもや孫が生き延びる確率がうんと低くなる。そうした複雑な社会構造を持つ動物においては、何頭まで捕れば合理的に資源を守れるのか、計算しにくいんです」

粕谷の話に耳を傾けながら、私は大隅の言葉を思い出した。

「クジラと一括りにいっても八十数種類いることがわかっています。なかには資源量が回復している種も、減ったままの種もいます。また同じ種類でも生息する海域によって、生態やエサが違う。種や海域によって、捕鯨を継続するか、保護していくか慎重に考えていかなければならないのです」

慎重に考えた末に、粕谷は「油断せずに、うんと控えめに利用していかなくちゃいけない」という結論にたどり着いたのである。

『イルカと生きる』

粕谷が絶筆とすると話した書籍が届いたのは、発売当日の二〇二四年五月二一日のこと。クジラと鯨類研究の歴史から、自身が向き合ってきたスジイルカやゴンドウクジラなどについて、これまでの彼が手がけた専門書に比べ、わかりやすい平易な文章で綴られていた。

まっさらな新刊のページをめくると粕谷の落ち着いた口調がよみがえる。

「八六歳ですからね。だいぶ能力が衰えてきました。日々、落ちていくという感じですよ。昨日まで覚えていたはずなのに、生け垣や野山で見かける植物の名前を忘れている。幼い頃から親しんだ植物、鳥の名前がどんどん出てこなくなる……」

十数年前、自身が暮らす多摩市永山周辺を歩いて植物を採取し、押し花の標本をつくった。近隣に自生する植物はほとんど把握していた、はずだった。

研究者としての原点でもある動植物の名が、いつの間にか記憶からこぼれ落ちていく――。

淡々と語られる老いに、言いようのない寂しさを覚えた。

一〇　クジラ博士の遺言

老い

『イルカと生きる』は、私に大隅をめぐる老いについての断片も思い起こさせた。

「父が大腸がんを患ったのはご存じでしたか？」

東北大学の副学長室で、大隅の娘である典子に問われた。

大隅ががんを患ったのは、八三歳だった二〇一四年のことだ。

東日本大震災の被災地にひんぱんに通っていたために、大隅に会う機会が少なかった時期で、年賀状で大隅の大病と手術の成功について知ったのである。

「そこから体力的にガクン、ガクンと落ちてきたんです。母に聞くと外に飲みに行き、転んで血を流して帰ってきたこともあったそうです。でも最後まで研究をして、原稿を書きたいと思っていたのでしょうね。認知症の予防のためか、新聞やスマホアプリの数独やナンプレに取り組んでいました」

大腸がんを患った二年後の二〇一六年から二〇一八年、大隅が『望星』という月刊誌で〈クジラと日本文化の話〉を連載した。私は文章構成や原稿の整理などでたずさわった。

編集部からのテーマは「先生が書きたいこと、いま考えていることを自由に」。そのため内容は多岐にわたった。

大隅が長年訴え続けた、「きたるべき食料危機でクジラが果たす役割」や「南極海での商業捕鯨が再開される条件」「クジラ資源の正しい利用法」「捕鯨に反対する人たちとの妥協点」などのテーマも取り上げた。ただ私には、「朝鮮通信使とクジラ食文化のかかわり」「壇ノ浦合戦の勝敗を左右したイルカの存在」「太地に暮らす住民の名字と捕鯨文化との関係」といった、クジラにまつわる雑学が印象に残っている。社会問題として専門的に語られがちなクジラや捕鯨文化について、大隅は読者の関心を惹きやすいよう工夫してくれたのだ。

クジラや捕鯨について、クジラと日本人のかかわりについて、たくさんの人に知ってほしい。そんな大隅の思いが込められている気がしたのである。

連載の打ち合わせで何度か話題に上ったのが、クジラの養殖計画だった。それはかねてから語ってきた大隅の夢だった。

これからどんな研究に取り組みたいか。そんな質問をしたのは確か二〇〇九年だった。八〇歳になろうとしていた大隅は「私は、余命いくばくもないから」と冗談めかしつつ、数えきれぬほど語ってきたであろう夢の構想を口にした。

「ひとつ挙げるとするなら、クジラの養殖ですね。それが、いつかクジラ海洋牧場の開発につながっていけば……。問題は飼育する場所ですが、湾や入り江を仕切ることができれば一番いいですね」

大隅は、著書や講演などでクジラの海洋牧場計画やクジラの家畜化について何度も触れているが、果たして実現可能なのだろうか。

「理論的には可能ですよ」と大隅は即答した。

その根拠となったのは、ミンククジラを飼育した経験だった。

一九五五年一一月下旬に静岡県沼津(ぬまづ)市で混獲されたミンククジラを三津浜(みとはま)水族館（現・伊豆・三津シーパラダイス）に運び、飼育を試みた。

大隅は同僚と二人で交代しながら、このクジラの呼吸を一八時間連続で観察する。このクジラは昼も夜も寝ることなく、数分の間隔で浮上し、呼吸を繰り返した。クジラは三七日後に仕切りの網を破って海に逃げてしまったが、大隅は確信する。クジラの養殖は可能だ、と。

「養殖に本格的に取り組むなら、まずは水族館でミンククジラを育てる。基礎研究がうまくいけば、どこかの湾に生け簀(いけす)をつくり、どんどん繁殖させていく。ミンクは、繁殖力が強い。比較的小型。肉もうまい。事業化しやすいんです。お金と情熱と勇気さえあれば、すぐにでもできるんだけど、誰も乗ってこないんですよ」

四〇年近く前、いくつかの自治体が、海のサファリパークをつくって観光地にしたいと大隅に相談を持ちかけた。北海道の内浦(うちうら)湾、岩手県釜石市、高知市、山口県、長崎県の五島列島……。観光が目的だったとはいえ、鯨類の飼育は将来的な養殖につながる可能性がある。大隅は協力を惜しまなかった。しかし発起人が死亡したり、地元住民に計画を反対されたりして実現できなかった。

いままさに計画が進行中なのが、太地町の「森浦湾くじらの海」だ。大隅が温めた夢は、いまも太地で胎動しているのである。

クジラの養殖計画は連載では取り上げなかったが、私にとって、クジラ博士の博雅に身近に接した二年間は、とてもぜいたくで、かけがえのない時間だった。大隅の博識は、穏やかさや優しさ、親しみやすさとともに記憶されている。

けれども、それは大隅の老いが生んだ交流でもあったのだ。

私が『望星』の連載原稿の整理や構成などを担当したことを話すと、日本鯨類研究所顧問の加藤秀弘は「昔の大隅さんが、絶対にそんなことはさせなかったはずです」と語った。

「若かった大隅さんなら、自分の原稿の構成や整理を人に頼むなんて想像ができない。鯨研時代の大隅さんは研究者として本当にシャープだった。次の遠水研時代は、自らの研究や原稿執筆だけでなく、若手研究者のコーディネートやＩＷＣ対応で忙しくしていた。振り返ると日鯨研の理事になった六〇歳の頃かな、年を取ったなと感じるようになったのは……。それが老いだったのでしょうね」

加藤に話を聞くなかで、大隅が語ったクジラの養殖計画にも話題がおよんだ。

「ぼくには大隅さんがクジラを飼育できると本気で考えていたとは思えないんだけど……。養殖が実現できたとしても相当時間がかかるはずです。ただ大隅さんはそういう計画をプロモートするのが上手だった。クジラ牧場という目標が、地域の活性化、ひいては人間の活性化にも通じると。そういう発想を持って、クジラと人間、クジラと社会の関係を模索していた人だったんです」

加藤が、大隅と出会ったのは一九七八年。二六歳の加藤に対して、大隅は四八歳の壮年期だった。

零戦のエースと陸軍大将

北海道大学大学院でアザラシやトドなどの研究をしていた加藤が、鯨類研究所の最後の正職員となったのは、一九七八年のことだった。以来、亡くなるまでの約四〇年間、加藤は「大隅さんに怒られた回数はぼくが一番多いはず」と苦笑いするほどの付き合いになる。

加藤は意外な話を切り出した。

戦後の食料難の解決。私は鯨類研究の動機を大隅の口から直接何度も聞いた。そう話を向けると「ぼくも大隅さんが人にそう話しているのを聞いた経験はありますが、それが最初からの目的だったのかどうか……」と首をかしげた。

「大隅さんの世代の人なら、誰しもが食料難をどう解決すべきなのか、という問題意識を持っていたはずです。ただ、それ以上に幼少期の体験が大きかったのではないかと感じるのです。大隅さんは子どもの頃、とても厳しい環境で過ごしました。だから立身出世のために上京して、東京大学に進んだのではないか。そうでなければ、医師になってもよかったわけですから」

大隅が、成績次第で学部を選べる東京大学と、新潟大学医学部に合格していたことは先述した通りだ。続けて加藤は、「そんな大隅さんを鯨類研究に引き込んだのが、西脇先生だったんです」と話した。

西脇昌治とはどのような人物だったのだろうか。

「西脇先生と大隅さんは似たようなところもあり、ちょっと違うところもあり……。西脇先生も大隅先生もお酒をたくさん飲んだ。でも西脇先生の方が強かったかな。二人とも研究に対しては厳しくておっかなかった。ストイックな大隅さんに対し、西脇先生はお坊っちゃんで、やんちゃなところがありましたね」

やんちゃな西脇とストイックな大隅。二人のキャラクターは、出自や経歴に由来するのかもしれない。

西脇家は新潟県小千谷(おぢや)市を拠点として、江戸時代から麻織物の小千谷縮(ちぢみ)を扱った問屋を営み財をなした大地主だ。西脇の縁戚には、ノーベル文学賞の候補にもなった詩人で英文学者の西脇順三郎(じゅんざぶろう)がいる。

「戦時中、西脇先生は〝下駄履きの零戦(ぜろせん)〟と呼ばれた二式水上戦闘機のパイロットでした。『ゼロ戦20番勝負』という文庫に登場するんですよ」

『ゼロ戦20番勝負』は、歴史家の秦郁彦(はたいくひこ)が編んだ零戦の搭乗員たちの活躍を描いたドキュメントである。このなかで、西脇の戦歴にも触れている。

一九三九年に東京帝国大学を卒業した西脇は第六期海軍航空隊飛行科予備学生として召集された。一九四一年一二月の比島(ひとう)作戦に参加した水上機母艦「瑞穂(みずほ)」から、西脇は二式水上戦闘機に搭乗して出撃する。『ゼロ戦20番勝負』では〈西脇昌治予備中尉はなんと二機のP40を撃墜している〉と、〝なんと〟と強調している。

というのも、もともと水上機は偵察や着弾観測に用いられ、戦闘向きではなかった。二式水上戦闘機は戦闘を前提として零戦をベースに開発されたとはいえ、二機の撃墜は驚くべき戦果だったのだろう。

その後、西脇は第二二特別根拠地飛行機隊の隊長として、インドネシアのボルネオ島に赴く。大戦末期のバリクパパンの防空戦では、偵察用水上機である零式観測機で少なくとも三機を落とした。西脇はルソン島とボルネオ島で合わせて五機以上の戦果をあげる。

五機以上を撃墜した搭乗員には「エース」の称号が与えられた。「エース」と呼ばれた水上機のパイロットは非常に珍しかったという。

西脇と大隅。師弟のつながりを加藤は推し量った。

「陸軍幼年学校で教育を受けた大隅さんは世が世なら陸軍大将になっていてもおかしくない人です。西脇先生は海軍のエースパイロット。陸軍と海軍の違いはあっても、きっとお亡くなりになるまで上下の意識は染みついていたのではないでしょうか。そうした背景もあり、大隅さんは西脇先生の人柄、そして考え方、生き方に惹かれていた。それは間違いないはずです」

クジラ研究のトキワ荘

西脇と大隅が出会ったのは、終戦後の一九四七年に発足した鯨類研究所だった。
クジラ研究のトキワ荘——。

鯨類研究所に所属した1958年、北太平洋の商業捕鯨船上での大隅。
捕獲されたのはマッコウクジラ（提供：日本鯨類研究所）

大隅は、世界的に活躍した大村秀雄や西脇が基礎を築き、自身や粕谷、加藤が所属した鯨類研究所を数多の漫画家を輩出したアパートになぞらえ、そう呼んだ。

クジラ研究のトキワ荘は、一九四二年に大洋漁業の創業者・中部幾次郎が設立した中部科学研究所を源流とする。戦後、鯨類研究所と名を変えたあとも大洋漁業のバックアップを受けて研究を続けてきた。

一九六六年、大隅は鯨類研究所から水産庁の水産研究所（現・国際水産資源研究所）に異動する。その翌年に、水産庁の主導で鯨類研究を実施するための遠洋水産研究所が静岡県清水市（現・清水区）に設立される。その鯨類研究室長に就任するための異動だった。

加藤と大隅が遠洋水産研究所の同僚となったのは、出会いから一〇年後の一九八八年のこと。昭和の商業捕鯨の終焉にともなってその年の七月に鯨類研究所が解散して「放り出された」と苦笑いする加藤は、その夏に所長となる大隅に声をかけられて大型鯨類研究室長に抜擢されたのである。

大隅をもっとも間近に見てきた加藤は、クジラ博士の「知」の原点をこう推測した。

「大隅さんが学んだ旧制高校の教育の特徴は、リベラルアーツ——日本語でいうところの教養なんですよ。リベラルアーツのベースにあるのは、美学。美学には、哲学も数学も語学も……あらゆる学問がふくまれる。実際、大隅さんの英語の読み書きはスゴかった。日本語の原稿を書くのも早くて、美しかった。エッセイなんて、ぼくらが見ている前であっという間に書いちゃうんだから」

ある日、加藤が「大隅さん、筆が早いですね」と何気なく声をかけた。何かが気に障ったのだろうか。大隅は「お前は、オレを侮辱しているのか」と語気を強めて反論した。

「筆が早いんじゃない。オレはいつも一生懸命考えているんだ。だから早く書いているように見えるだけなんだ」

大隅は「筆が早い」という言葉を、雑に原稿を書いていると受け取ったのかもしれない。思いつきで書いているのではなく、頭のなかで推敲に推敲を重ねていると言いたかったのだろう。

「知識はもちろん豊富だし、引き出しも多い。それだけでなく、大隅さん自身が話したように、本当に頭のなかで何度も何度も文章を推敲していたのだと思います。関係ない話をしていながらも、常に仕事のことを考えている。そうじゃなきゃ、あんなに早く原稿が書けるわけがない」

　私が知り合った時点で、大隅は七六歳。若い頃は非常に厳しかったというウワサを耳にしてはいたのだが、加藤が語る大隅は、私が知らない大隅だった。

　加藤は、大隅が研究者として脂が乗りきった四八歳の頃から身近に接してきた。

「たくさん怒鳴られましたよ。一番、怒られたのは……」と加藤は回想する。

　その日、加藤はＩＷＣに出席する準備に追われていた。そんなときに大学時代の先輩から一本の電話がきた。

「今度、お前、ＩＷＣに行くんだって？」

「いえいえ、ぼくなんてどうせ遊びみたいなもんですよ」

　どうということはないやりとりだが、謙遜した物言いが不味かった。

「大隅さんに聞かれていたみたいなんです。そしたら逆鱗に触れちゃって、大変でした。一カ月くらいは無視をされて口をきいてもらえなかった」

　大隅にとって、ＩＷＣはまさに日本の捕鯨を守るための真剣勝負の場だったからだ。軽口が許せなかったのだろう。それはわかるが、それにしても一カ月も口をきかないとは……。私が知る大隅からは想像もできない苛烈さである。

　大隅に叱られた加藤に、当時、遠洋水産研究所の小型鯨類研究室長だった粕谷が声をかけた。

「これで、加藤くんも仲間になったってことだな」

　加藤は、粕谷さんも若い頃、自分と同じように大隅さんに怒られたんだろうなと感じた。

その後、加藤はどうなったのか。一カ月ほどが過ぎたある日、加藤は大隅と一緒に飲みに行き、旧制高校の寮歌をともに歌って、和解したらしい。

大隅は旧制前橋中学校と新潟高校に在籍した。

一方で、加藤が北海道大学時代に過ごした恵迪寮（けいてきりょう）は、札幌農学校時代から一〇〇年以上も続く自治寮だ。いまも寮生により、一年に一度、寮歌がつくられる。そうした経験もあり、加藤も旧制高校の寮歌にくわしかったのだ。

「大隅さんは自分に対しても他人に対してもストイックだった。だからＩＷＣという舞台に、いい加減な気持ちで臨むことが許せなかったのでしょう。本当に何度も怒られましたが、理不尽に感じたことは一度もなかった」

クジラは漁業の敵なのか

大隅は、自身の研究を引き継ぐ研究者に何を遺（のこ）したのだろうか。また、下の世代の研究者たちは、大隅から何を受け継いだのだろうか。

日本鯨類研究所の参事である田村力（たむらちから）は大隅についてこう話した。

「学生時代は、憧れと口にするのもおこがましいほど遠い存在でした。確かに昔は厳しかったと聞いたことはあります。でも、実際、日鯨研に入ると、指導するというよりも若い研究者を温かく見守ってくれるような存在でした」

一九九八年、当時三〇歳の若手研究者だった田村は、六八歳の大隅に〝温かく見守られて〟

物議をかもす論文を手がけることになる。

北海道大学大学院でアザラシやトドの研究をしていた田村が、南極海の調査捕鯨にはじめて従事したのは一九九二年。田村が担当したのが、クジラの胃の内容物だった。解剖したクジラの胃袋を開けて、内容物をひとつひとつチェックして書き出し、重さを量る。南極海のクロミンククジラの胃の中身は資料通りほとんどが、エビに似た形態の甲殻類であるオキアミだった。

田村は一九九四年からスタートした北西太平洋の調査捕鯨にも参加する。そこでクジラの胃袋から見つかったのが、サンマだった。四年後、正式に日本鯨類研究所に入所した田村にとって「クジラの食事」がはじめての研究テーマとなる。

「昭和の商業捕鯨時代の資料を見れば、北（北西太平洋）のミンククジラがオキアミ以外にもマイワシを食べているというデータはあるんです。しかし私たちが調査したクジラからは、過去のデータにはなかったカタクチイワシ、サンマが出てきた。この調査結果を知った水産庁の担当者の方は、おそらくクジラによる漁業被害にフォーカスを当てようとしたのでしょう。世界中のクジラの捕食量を割り出せないかといわれたんです」

その頃、漁業の衰退や不漁が社会問題となっていた。

一九八〇年代、漁業生産量は一二〇〇万トン前後で推移していた。だが一九九〇年頃から生産量はどんどん下がり続ける。田村が日本鯨類研究所に入所した一九九八年には六六八万トン。さらに低下に歯止めがかからず、二〇二〇年はピーク時の三分の一程度の四二三万トンだ。

水産庁の担当者は、クジラがカタクチイワシやサンマを食べている事実に着目した。クジラが漁業にダメージを与えていると明らかになれば、捕鯨を続けていく正当性を訴えられると考えたに違いない。

担当者は、田村に全世界のクジラがどれだけの量の海産物を食べているか、論文にまとめて一週間程度で提出するよう命じた。

こんな壮大なテーマを短期間にまとめるなんて果たして可能なのか……。

頭を抱える若手研究者の背中を押したのが、大隅だった。

「誰もやったことがない面白いテーマじゃないか、私も手伝うからやってみなさい」

まず田村は資料を整理していった。

過去の論文を見れば、どこにどんなクジラが生息しているかはわかる。クジラの数も文献を漁（あさ）れば、ある程度把握できた。そこにエサの量を加える。とりあえずデータを集められるだけ集めて計算ソフトに入力していった。

そうして算出されたのが、クジラが二億トンから五億トンの水産資源を捕食しているという数字だった。全世界の人間が利用する年間八四〇〇万トンの三倍から六倍。「クジラによる漁業被害がある可能性があるから、これから調査する必要がある」と結論づけた論文は、田村力と大隅清治の連名でＩＷＣの科学委員会に提出された。若手の田村の名前だけでは無視される可能性があったからだ。

クジラが人間の三倍から六倍の魚を食っている——その論文は世界中の科学者やメディアに衝撃を与えた。それは、論文が批判の矢面に立たされることを意味していた。

「基礎的なデータが欠落していた」と田村は認める。

どのクジラが、どんな魚をどの程度食べるのか。クジラの数や分布がわかっても肝心のクジラの胃の中身が、資料からでは見えてこない。それでは本当に漁業とクジラのエサが競合しているのかわからない。あるいはマッコウクジラは深海に生息するイカをエサにする。人間が利用していない水産資源もふくめるのは、ミスリードだという指摘もあった。また、古い文献しか残っていない海域や鯨種も少なくなかった。論文では新旧のデータ、様々な年代の資料を駆使した。古い参考資料が多く、いまの実態をあらわしているとはいえないとも反論された。

田村は「裏を返せば」と話した。

「ＩＷＣでも、捕獲対象であるミンククジラやクロミンククジラの資源量については議論が活発に行われましたが、それ以外のクジラはほとんど注目されていなかったんです。ＩＷＣのお墨付きがある鯨種ごとの資源数などはデータもない。世界中のクジラがどんなエサを食べているかも明らかにされていない。その意味では、調査して把握しておくべきたくさんのデータが欠落していました。当時も言ったんです。自分の論文は不正確かもしれません。しかし、きちんと調べないと、クジラによる漁業被害が事実なのか、間違いなのかすらわかりませんよ、と」

共著者となった大隅は批判を前向きに受け取っていた。大隅は田村にこう語った。

「わからないことを調べているんだから、それはそれでいいんだ。でも、批判を受けた部分を少しずつ調査、研究して明らかにしていくことで、真実が見えてくる。そうやって二億トンから五億トンという推定量の精度を高めていけば、みんなが認めるようになるはずだ。だから、この研究は続けた方がいい。大切なのは、次なんだ」

大隅が三〇歳の若手研究者に託した課題に違いなかった。

それから二〇年以上の歳月が流れている。

取材した二〇二四年、五五歳になった田村は言った。

「あと五年……あと五年でこの問題になんとか決着をつけたいと考えているんです」

大隅からの課題

日本鯨類研究所理事の松岡耕二（まつおかこうじ）も大隅から課題を託されたひとりだ。

一九九二年に日本鯨類研究所に入った松岡にとって、大隅は公私にわたる恩人だった。

松岡は調査員として、夏は北西太平洋へ、冬は南極海へと航海を続けた。

正月、大隅夫妻は松岡の不在を気遣い、妻と三人の娘を自宅に招いた。松岡は言う。

「大隅先生も若い頃は（娘の）典子先生の育児を顧みずに船に乗ったり、調査に行ったりしていたそうなんです。だから、私の妻や子に気を遣ってくれたのかもしれません」

ＩＷＣ総会が近くなると、松岡たちは次の年の調査計画や、調査で採取したサンプルの解析内容などの作成に追われる。書き上げた資料は、国内で専門家のチェックを受け、最終的に大隅が確認する。松岡は、大隅に何度も書き直しを命じられたという。

「大隅先生は科学委員会で、反捕鯨国の研究者がどう反応するかわかっていた。だから隙がない資料をつくるように指導されました。昔は寝ずに準備して、早朝に一〇〇部くらいプリントアウトした資料をトランクに入れて空港に向かうなんてこともありました」

科学委員会のミーティングがはじまると、大隅は黙って成り行きを見つめている。

調査捕鯨への非難や日本の捕鯨に対して誤解がある発言には、反論する必要がある。そんなときは加藤が、松岡やほかの研究者に発言するように合図を送る。その間に大隅が反論を考え、まとめの発言をした。

科学委員会の最終日には、参加した研究者や科学者が集うパーティが催される。数週間、意見を戦わせた研究者たちがともに食事をする。

捕鯨を容認する研究者はもちろん反対派の科学者も、みなが「清治」「清治」……と大隅にあいさつし、談笑する。松岡には、大隅が世界中の研究者から立場を越えて尊敬され、一目置かれているように見えた。

大隅が松岡に次のような話をしたのは、二〇一七年秋。つまりIWC脱退の一年半ほど前のことだった。

「これからはIWC脱退の可能性も視野に入れて動かないと」

まさか日本がIWCを脱退するなんて、ありえるのだろうか……。松岡は半信半疑で大隅の話を受け止めていた。しかし大隅の予見は現実となる。

「IWC脱退の事実を直前に知って『本当ですか?』と驚いている我々とは違って、大隅先生はIWCを抜ける数年前から脱退した場合の捕鯨についても、いろいろと想定していらっしゃいました。そのひとつが、ノルウェーが捕鯨で利用している『ブルーボックス』です。『ブルーボックス』についてきちんと研究しておけと言われました」

大隅は、ＩＷＣ脱退後にはじまるＥＥＺ内での捕鯨を念頭に入れていたのだろう。

振り返れば、昭和の商業捕鯨時代に行われた不正やごまかしなどの「悲しい失敗」が、クジラ資源にダメージを与える一因となった。商業捕鯨再開を機に不正やごまかしが再び横行しては、三二年にわたって続けた調査の努力が水泡に帰してしまう。大隅はそれだけは避けなければ、と考えていたはずだ。

だからこそ、不正やごまかしを防ぐブルーボックスの研究を、松岡に託したに違いない。

「ブルーボックスとは、捕鯨砲を発砲したり、ウィンチに大きな負荷がかかったりしたときに、自動で記録される捕鯨操業監視システムです。記録装置が収められた箱を開けることができるのは、水産庁の監督官だけ。もともとは反捕鯨の人たちに反証するために開発されたシステムなんです。かつては一頭の捕獲と申告したにもかかわらず、複数頭を捕るという不正を行った時代もありましたから」

大隅がブルーボックスについての考察を残したのは、松岡に対してだけではない。

私は大隅の娘である典子から、〈清治ＰＣ内ファイル〉と題されたデータファイルを預かっていた。大隅が愛用していたパソコンのデータである。〈清治ＰＣ内ファイル〉を調べてみると、ブルーボックスについて記述されたワードファイルが見つかった。

タイトルは〈これからの日本の捕鯨のあるべき姿〉。そのなかで大隅は〈ＩＷＣから脱退した日本の捕鯨活動に対しては、反捕鯨国の厳しい目が光っている〉ため、捕鯨業界は、なおさら漁期、操業海域、捕獲する種類や数を遵守しなければならないと唱え、こう締め括る。

〈政府による操業の取り締まり、監督においても、反捕鯨側に手抜きなどの誹りを受けないようにして頂きたい。小型捕鯨船の場合に、監督官の乗船が無理であれば、ノルウェーで実施している、「ブルーボックス」のような、自動操業記録装置の捕鯨船への導入も検討するべきである〉

最終更新日は二〇一九年一〇月一〇日。亡くなる二三日前だ。大隅は最後まで、日本の商業捕鯨の行く末を気にかけていたのである。

父との旅

大隅典子は父の在りし日を思い出して笑った。

「父は、典子にもマッチンにも介護は期待できないな、と思っていたのかもしれません」

大隅は、五歳年下の妻・正子を「マッチン」と呼んでいたという。

日本女子大学名誉教授の大隅正子は、女性科学者をたたえる猿橋賞を受賞した酵母菌の研究者だ。年齢を経て認知機能に衰えが見えはじめた妻のために自分がしっかりしなければ、と大隅は数独やナンプレに取り組んでいたという。

科学者夫婦の出会いは、正子の大学時代。文化祭でクジラについて取り上げようとした正子が担当教員に紹介されたのが、鯨類研究所で働く大隅だった。

典子は父との記憶を回顧する。
子どもの頃、静岡県清水市の遠洋水産研究所に勤務する大隅が神奈川県逗子市の自宅で過ごせるのは土曜の午後から日曜の夕方までだった。「パパと遊びたい」「お話ししたい」と思っても時間が限られていた。父が書いた本を通して、クジラや捕鯨、父の仕事について知っていった。

父母は自宅で論文を執筆した。娘は、科学者とは自宅に仕事を持ち帰るものなのだと自然に受け入れた。中学生になると、典子は母が書いた論文の文法の間違いや引用の誤りを添削したり、タイピングを学んだりして論文の作成を手伝うようになる。

彼女が科学者としての父のスタンスを知った出来事がある。

両親ともに忙しかった典子は家族で旅行した経験があまりなかった。父と二人で旅行したのは一度だけ。父娘の旅行にも捕鯨がかかわっている。

一九九二年、ＩＷＣ総会がスコットランドのグラスゴーで開催された。

ちょうど典子が参加する国際会議の会場も同じグラスゴー。しかしまだ大学の助手で、予算が乏しい。宿代を浮かすために父のホテルに転がり込んだ。

そこで典子はショックを受ける。連日、反捕鯨団体がホテルを取り囲んでシュプレヒコールを上げていたのだ。日本の捕鯨が置かれた厳しい状況を目の当たりにし、父が取り組むテーマの社会的な難しさを突き付けられた。

そして典子は思った。たとえ科学的に正しくても、それだけでは他者に理解してもらえない

2004年、大隅家の正月旅行での家族写真（提供：大隅典子）

ことがある。ひとつの物事をどう受け取るかは、その人の立場や考え方によって違う。だからこそ、データを言葉に落とし込んで対話を続けなければならないと。

典子はテーブルの上に自著を置いた。

「こうした本を書くようになったのも父の影響なんです」

『小説みたいに楽しく読める脳科学講義』

脳がどのようにしてつくられるか。

それが、科学者として典子がテーマとする研究である。脳の発生という難解なテーマを一般向けに、わかりやすく書籍にする仕事にも力を注いでいる。

「決して感情的にならずにデータを根拠にして物事を考えていく。それは子どもの頃から父と母の仕事を間近に見てきた私の身体に染みついたものだと実感しています。しかしデータだけでは人の心は動かせません。父が書いた文章は教科書に採用されて、日本中の子どもたちに読まれました。もちろんデータや調査をもとにした文章ではあるのですが、ファクトだけではわかりにくいこともある。そこで重要なのが、言葉の力です。データをわかりやすい言葉や物語に落とし込めれば、理系や文系などの専門分野に関係なく、たくさんの人に研究のテーマを伝えられる。言葉の力とデータ。その二つが、科学者としての父の両輪だったのではないかと思うのです」

大隅が手がけた数多の文章のなかでもっとも広く読まれたのが、中学校の教科書に採用された「クジラの飲み水」だろう。著書『クジラは昔陸を歩いていた』に収録された一編を改題したエッセイだ。

データをいかに言葉に落とし込むか。

大隅が抱いた問題意識には、科学者という立場に加え、水産庁の遠洋水産研究所に勤務した行政官だった経験が大きかったのではないかと典子は推測する。

行政官として、大隅はクジラの魅力や捕鯨の意義を広く啓蒙（けいもう）する役割をになった。相手は科学という共通言語を持つ者ばかりではない。

ときには関心がない相手に対しても、科学、政治、文化、国際世論などが、複雑に絡まり、もつれ合った捕鯨問題を解きほぐし、意義を理解してもらわなければならない機会も多かった。その積み重ねが、大隅の言葉をより力強いものにしたに違いなかった。

マッチンをよろしく

「また来週な」

二〇一九年一一月一日夕方、大隅はいつも通り東京・勝ちどきの日本鯨類研究所をあとにした。

翌日、朝から体調が優れず、昼過ぎに正子がかかりつけ医に連絡すると、救急搬送されて、心筋梗塞の治療を施される。

典子が電話を受けたのは、オペ室からICUに移された直後。動顚していたのか、電話口の正子は要領をえない。急いで新幹線で仙台から東京に向かうが、三〇分遅れで臨終に間に合わなかった。

「なぜ、朝の時点で連絡をくれなかったのか。母は私に心配をかけたくなかったのでしょうが、もしも数時間、早く連絡をもらえていれば、といまも思わずにはいられません。しばらくして父が以前から準備していた私宛の遺言が見つかりました。母を心配したんでしょうね。マッチンをよろしく、と。父は母を本当に愛していたんです」

亡くなる一カ月前、旧制新潟高校の同窓会に向かう大隅は、学帽を典子に見せて笑った。

「これを被って寮歌を歌うんだよ」

それが父娘が交わした最後の会話となった。

私が訃報に接したのは、亡くなった三日後の一一月五日だった。

その三カ月前。夏の猛暑日、私は日本鯨類研究所に大隅を訪ねた。

「商業捕鯨を再開したのはよかったのですが、南極海からの撤退は実に惜しい……」

日本鯨類研究所の応接室で悔しさをにじませた彼は、「でもね」とつないだ。

「南極海から完全に撤退したわけではないんです。これからも南極海の目視調査は続けることになっています。いつでも南極海で捕鯨が再開できるように……。人類のために南極海を有効に利用していかないと」

大隅が語ったように、日本は商業捕鯨を再開した二〇一九年も、キャッチャーボートを目視調査船として南極海に送ることが決まっていた。以降も毎年一二月から三月にかけて、南極海で目視調査が行われている。

私はいつもと変わらず捕鯨への思いを口にする大隅に、温めていた構想を打ち明けた。大隅の人生を軸にして、日本の捕鯨史を振り返るような本を書きたいと。大隅は喜んでくれた。涼しくなる秋から取りかかろうと話した。

その一カ月後、新宿のクジラ料理屋「樽一（たるいち）」に足を運ぶと、偶然来店していた大隅と出くわした。私たちは、新たな書籍についてアイディアを出し合った。捕鯨の意義がたくさんの人に伝わるような書籍にしよう。そう約束して別れた。

大隅に取材を本格的にはじめたいというメールを送ったのは、亡くなる前日だった。いつもは当日か遅くても翌日には返事がある。

けれど、二日経っても三日経っても返信はなかった。体調を崩したのだろうか。

そんな懸念を抱いた矢先。私は滞在中の島根県奥出雲町（おくいづもちょう）で大隅の逝去を知った。

先生が亡くなってしまった。約束が果たせなかった。

なぜかリアリティが感じられず、しばらくぼんやりとその場に突っ立っていた。

「私は、中道を歩んできたつもりなんです」

いつか大隅がぼそりとこぼした言葉がよみがえった。

商業捕鯨全盛の一九六〇年代、クジラ資源は激減してはいたものの、管理して合理的に捕獲を続ける意識はまだなかった。

日本の捕鯨関係者が集う会議で、大隅は捕獲する数の削減、管理の強化を訴えた。捕鯨会社の関係者は騒然とした。みな大隅は捕鯨推進派で、捕獲枠の拡大に協力してくれると疑いもしていなかったからだ。会議の最中、ある捕鯨会社の役員は「税金泥棒！」と怒鳴りあげた。捕鯨会社や国の意向を忖度し、都合のいい研究結果を出してくれるはずの「御用学者」の裏切りと捉えられたのだろう。

アメリカのサケ・マスの流し網漁業で、混獲されるイシイルカが問題になったことがある。生息数の減少が危惧されたのである。公聴会に呼ばれた大隅は過去のデータを示し、「この程度の混獲量ならば、イシイルカの資源量に影響を与えない」と証言した。漁業者側の肩を持つ発言と受け取った鯨類研究者に激しく非難された。賄賂（わいろ）をもらって、漁業者に有利に話を進めたと疑われたのかもしれない。

クジラ資源が枯渇して捕鯨の衰退が進むと、大勢の捕鯨従事者が職を変えた。研究者も例外ではない。クジラ研究から離れていく仲間もいた。

クジラにこだわり続ける大隅に、「いま頃、クジラにしがみついているヤツは、バカだ」と捨て台詞を吐いた者もいた。

しかし、大隅の発言や歩みは、立場や時節によって変わりはしなかった。

フィールドワーカー

科学は大隅の人生を貫く太い芯だった。

だからこそ、ひとつひとつの問題を是々非々で判断していった。十数年におよんだ付き合いのなかでも、大隅がそうした人物であることを頭では理解していた。それでもなお不思議だった。

人間はそんなにも一途に生きられるのだろうか、と。死後に関係者を訪ねたのは、本人に聞けなかった問いの答えを知りたかったからだった。

田村の話に、大隅の生き方の一端が垣間見えた気がした。

「それは第一人者だからじゃないでしょうか。大隅先生は大型のクジラの年齢査定や資源という鯨類学の王道を歩まれてきた。クジラが増える、減るというメカニズムを半世紀以上も研究してきたんです。科学的な議論では大隅先生と戦える人はほとんどいなかったはず。そういう状況で、ご自身も自分の意見の重さを十分に自覚していた。第一人者が、特定の誰かに肩入れするようなことをしたら、自分たちが積み重ねてきた成果を裏切ることになりかねない。そんなふうに考えていたのかもしれません」

大隅には、第一人者としてクジラと捕鯨を守る責任があった。資源管理なくしては、捕鯨産業の持続はありえない。

大隅は、クジラ資源の管理も、捕鯨産業の未来も、人類の共通言語である科学にゆだねたのだ。

「研究も大事だけど、それ以上にフィールドが大切だぞ」

大隅は田村に口を酸っぱくした。

田村もフィールドワークの大切さを、頭では理解しているつもりだった。しかし何度も調査船に乗るなかで、フィールドワークの経験が血肉化されていくように感じた。

「クジラのエサにしても、採取してきた標本を陸上でも見ることはできますし、データでもわかる。でも実際、海の上で胃袋を開けて、中身をかき出して自分の手で触ってみて、はじめて『あ、ここが去年と違う』『この海域でこういう気候だから、こうなるのか』と実感できる瞬間があるんです」

思い出すのが、大隅の著書『クジラを追って半世紀』の「はじめに」である。

〈私は元来フィールドワーカーである〉

そう書き出した大隅は続ける。

〈若い時から捕鯨船団や沿岸捕鯨基地の、数多くの調査現場に長期間従事し、それらによって集めた研究材料と資料を用いて、これまで鯨類に関する二〇〇編以上の研究論文を発表してきた〉

知り合った当時、大隅はすでに高齢だった。幾多の現場を歩くフィールドワーカーというよりも、子どもたちにクジラの謎や魅力を教えるクジラ博士という印象が強かった。だから、その一節をさほど気に止めていなかった。

だが、大隅は一九五八年度と一九七一年度の二度も南極海のクジラを調査したほか、日本各地に点在する捕鯨の現場をくまなく歩いたフィールドワーカーだった。

二〇年近く前、ある研究者が大隅とともに捕鯨にかんする会議で海外を旅したという。途中、船に乗った。大隅は船の舳先近くにずっと立ち、海を眺めていた。彼が「先生、寒いからなかに入ったらいかがですか」と勧めても大隅は、「もしかしたら、クジラが見られるかもしれないから」と断り、前方に目をこらした。

大隅について思い返すと、直接見たわけでもないのに、なぜか舳先に立ち海原を眺める彼の姿が、一葉の写真のように脳裏に浮かぶ。

それは私のなかにある、フィールドを大切にした大隅清治という科学者の心象なのだろう。

ふと気になって、私は大隅にはじめてインタビューした記録を引っ張り出した。

二〇〇八年一二月。私は、七八歳の大隅にクジラ研究に没頭するきっかけを質問した。

「やっぱりね、千葉の和田浦で、第三純友丸という小さな捕鯨船に乗せてもらって、はじめて生きたツチクジラを見たことです。とても感動しましてね……。いまも沿岸で行う近場の調査には参加させてもらいたいんですけど。まだまだやれる、若い者には負けないぞ、と思いますが、身体の自由がきかなくなってきているから」

そう笑った大隅は自分の気持ちを確かめるように「うん」とうなずき、本音を見せた。

若き日の洋上での一枚。大隅のアルバムより(提供：大隅典子)

「でも、やっぱり現場には行きたいですよね。もう一度和田浦で船に乗りたいな」

一九五三年七月、捕鯨基地・和田浦。まだ夜が明けきれぬ早朝、二三歳の大隅は港に向かい、第三純友丸に乗り込んだ。六〇馬力の焼玉(やきだま)エンジンを積んだおんぼろの木造船だった。

海からは房総の山並みがよく見えた。乗組員のひとりが「あそこだ！」と指さした。

夏の強い日差しを浴びながら海面に目をこらす。

数頭のツチクジラが水面で、荒々しくブローを噴き上げる。

クジラを見た――。

青春のフィールドが、クジラ博士の原点だった。

責任感

「いやぁ、よかった」

日本捕鯨協会理事長の山村和夫は、商業捕鯨再開を知った大隅の第一声が忘れられない。

大隅に商業捕鯨再開の第一報を電話で伝えたのが、山村だったのだ。

喜びの声を聞いた山村の脳裏には、目を細めてとろけるように顔をほころばせるいつもの大隅の笑顔が思い浮かんだ。

同時に、半世紀近くにもわたった長年の付き合いから、大隅が単純に喜んでいるだけではないと直感した。山村は大隅の心中をおもんぱかる。

「安堵だったんじゃないでしょうかね。純粋にうれしいというよりは、ホッとしたという思いの方が強かったような気がします」

大隅は昭和の商業捕鯨時代、より多くのクジラを捕ろうとする捕鯨会社に対して、管理の重要性を主張できなかった後悔を抱えて生きてきた。大隅はかつて私に、「我々科学者の知識不足が、クジラ資源を減らした原因だったんです」と口にした。

大隅の後悔について話すと山村は言った。

「私はその後悔について、先生本人から直接聞いたことはありません。でも先生は、昭和の商業捕鯨を守り切れなかったという忸怩(じくじ)たる思いをずっと抱いていました。それは身近に接していた人なら誰しもが知っているはずです。本当に責任感の強い人だった」

責任感――。大隅について語る山村の口から幾度となく出た言葉である。

「陸軍幼年学校では、自分の身を賭して国を守らなきゃいかんと教え込まれたわけでしょう。その意識がずっとあったのではないかと思います。大隅先生は、遠水研や日鯨研のトップになったわけですけど、その責任感のせいで、相当苦労したと思いますよ。もともとあの先生は偉くなろうとか、組織のトップに立とうとか、そういうことを考えるタイプの人ではなかったですから」

山村の大隅評には、私も共感できた。

クジラの研究に打ち込めるだけで、幸せ……。直接聞いたわけではないが、大隅の一言一言やクジラについて語る表情などから、そんな思いが伝わってきたからだ。山村は言う。

「商業捕鯨の再開。それに南極海から捕鯨の灯を消すな。晩年の先生はこの二つばかりおっしゃっていましたね」

乱獲が横行した昭和の商業捕鯨時代に、クジラ資源を、さらにいえば、捕鯨という産業を守れなかった。大隅は、自身の責任に苛まれ、ずっと煩悶していたのだろう。その後悔が、大隅の一途さの原点にはあったのではなかったか。

だからこそ、三二年ぶりの商業捕鯨再開に、大隅は、心の底から安堵したのだ。そして、持ち前の責任感から安堵のあとに心配がよぎる。

商業捕鯨再開の一報に、ひとしきり喜びと安堵の声を漏らした大隅だったが、ふと何かに気づいたのか、口調を変えて山村に問うた。

「山ちゃん、ところで、鯨研はどうなるんだ？」

調査捕鯨は五一億円もの税金が投じられた事業だった。日本鯨類研究所の運営費もこの五一億円から捻出された。調査終了が、日本鯨類研究所の存続にかかわるのではないかと大隅は案じたのだ。

大隅の死から五年後の二〇二四年、日本鯨類研究所は太地にも事務所をかまえた。

商業捕鯨再開後も、捕鯨対策費として、約五一億円は支出され続けている。うち二〇億円以上が捕獲可能量を算出するための資源調査費や、日本鯨類研究所の維持・運営、南極海の調査などに用いられている。

商業捕鯨再開により、共同船舶は自立を迫られた。同様に調査捕鯨という柱が消失した日本鯨類研究所も役割の転換を求められるだろう。

日本経済の低迷に歯止めがかからず、税金の使途に対して国民の視線が厳しい昨今、捕鯨の意義を、そして日本鯨類研究所の役割を周知させていく努力も一段と求められる。

日本鯨類研究所理事の松岡の記憶には、これからの日本鯨類研究所のあり方について語る大隅の言葉が刻まれている。

「政府からも民間からも信頼される、頼られる研究所にならなくては……。クジラ資源の把握や管理をより一層しっかりやって、不測の事態——資源が減っている兆候が見られたらすぐに対応できるような組織でなくてはならない」

令和の商業捕鯨で、日本鯨類研究所が果たすべき役割とは何か。

改めて問うと松岡はこう答えた。

「商業捕鯨になっても、いえ、商業捕鯨になったからこそ、『資源量の把握』や『捕獲可能量の算出』などはこれまで以上に重要になります。これらは六年ごとに見直されることが決まっています。新たな商業捕鯨にこそ、長年クジラ資源を調査研究してきた知見の蓄積を役立てなければなりません。それが三二年間、調査を続けてきた我々の役割だと考えています」

南極海での捕鯨再開の夢こそ叶わなかったが、大隅の悲願だった商業捕鯨は、令和の時代に復活した。

しかし楽観できる状況ではなかったはずだ。国からの補助で生き延びてきた捕鯨が産業として自立できるのか。捕鯨にたずさわる船員も研究者も、危惧や不安を抱いた。

取材ノートをめくってみる。

二〇一八年一二月二六日。IWC脱退と日本の二〇〇海里内での商業捕鯨再開が報じられた日に、私はこう殴り書きしていた。

〈日本の捕鯨の終わり?〉

平成から令和へと元号が変わった二〇一九年初夏。日新丸の舷に白抜きで記された〝RESERCH〟の文字が、黒いペンキで塗りつぶされた。

調査捕鯨という任を解かれた日新丸船団の、新たな船出が迫っていた。

第三章 捕鯨の未来

一一　商業捕鯨の生肉

シンボルとなった大漁旗

二〇二一年九月一日早朝、二〇、三〇人の関係者や取材陣が見守る東京のお台場ライナーふ頭に第三勇新丸がゆっくりと近づいてきた。

日本がＩＷＣを脱退し、日本の二〇〇海里内で商業捕鯨を再開して二年目。六月から一一月まで約半年にわたる航海の途中、お台場ライナーふ頭に寄港した第三勇新丸には、大漁旗が誇らしげに掲げられていた。

漁船が大漁旗をはためかせていたとしても、なんら不思議ではない。しかし、第三勇新丸の大漁旗は、新たな時代を迎えた捕鯨の象徴といえた。

大漁旗は、豊漁を願い、感謝する旗である。調査捕鯨時代は、「疑似商業捕鯨」という批判を避けるために、大漁旗の掲揚（けいよう）を控えていたのだ。

さらに、かつては第三勇新丸の両舷にも記されていた〝ＲＥＳＥＡＲＣＨ〟の文字も消されていた。商業捕鯨は続けられるのか。乗組員や関係者の不安が完全に消え去ったわけではなかったが、第三勇新丸の変化が捕鯨の変革を雄弁に物語っていた。

第三勇新丸の着岸をひとりの男が見守っていた。共同船舶の社長をつとめる所英樹である。

「今日は、特別な日なんです」

クジラをかたどったマスコット「バレニンちゃん」の帽子に、大漁旗をあしらった法被姿というコミカルな出で立ちに似合わぬ神妙な面持ちで、彼はつぶやいた。

「沖合で捕獲した大型のクジラを生のままで東京に水揚げするのは、日本の捕鯨の歴史で、はじめてのことですから」

大漁旗を掲げて帰港する第三勇新丸

　鯨肉には、硬い、臭いというイメージがいまだにつきまとう。鯨肉の竜田揚げが給食の定番メニューとなった、一九六〇年代から一九七〇年代に定着したイメージだろう。ただでさえ、鯨肉は一度冷凍すると、風味や食感が変わってしまう。加えて当時は、現代に比べると冷凍設備も旧式で、解凍技術も確立されていなかった。しかも調査時代に流通した鯨肉は、ほぼすべてが冷凍物で、生肉が出回るケースは皆無だった。

　所自身にも、鯨肉に対するイメージががらりと変わった体験がある。捕鯨国であるアイスランドでは、捕鯨船が近海で捕らえたナガスクジラをそのまま港に水揚げする。二〇一二年頃、所は視察で訪れたアイスランドで、冷凍する前の生肉を口にした。

「刺し身でごちそうになったのですが、肉が軟らかい上に、口のなかで脂がとろけた。その脂の粒子が細かくて上品なんです。飛び上がるほどうまかった。強いて言えばマグロの中トロと牛肉を足して、二で割った味と食感といえばいいか。私自身がクジラのポテンシャルに気づかされたのです。生肉を食べて、たくさんの人にクジラの本当の味を知ってほしい。生肉を食べてもらえれば、クジラのイメージはがらりと変わるはずですから」

生肉が捕鯨復活の足がかりになるのではないか。

そう考えた所は、新たな鯨肉市場創出のために、航海を一時中断し、ニタリクジラの生肉を水揚げするために第三勇新丸を三陸沖からお台場へ走らせたのである。

関係者にとっては、大きな決断だった。生肉を水揚げするには、操業を休んで船を一隻、陸へ向かわせる必要があるため、人件費や燃料費だけで数百万円のコストがかかるからだ。

二日後の二〇二一年九月三日、水揚げされた生のニタリクジラは、豊洲市場で一キロ七万円もの値を付け、メディアでも報じられた。東京初水揚げのご祝儀価格ではあったが、鯨肉が〝副産物〟だった調査時代には考えられない出来事だった。

鯨肉の改革者

所がかぶっていた帽子にあしらわれたマスコット「バレニンちゃん」は、免疫力を高めて疲労を軽減するバレニンという、鯨肉にふくまれる成分から名付けられた、クジラPRのゆるキャラである。彼は捕鯨関連のイベントがあるたびに「バレニンちゃん」の帽子をかぶり、クジラのイラストが描かれたTシャツや法被を着て、メディア対応や営業活動に、励んでいた。

所が社長に就任したのは、商業捕鯨再開翌年の二〇二〇年七月。唐突な商業捕鯨再開に、旧経営陣は新たな方針も示しきれず、共同船舶社内で動揺が続いていた時期だった。共同船舶の立て直し、そして商業捕鯨の成功を関係者に託されたのが、所だったのである。

メディア関係者にPRする共同船舶社長の所英樹

背丈はさほどないが、元ラガーマンらしいがっしりとした体型で、外資系企業に籍を置いた経営コンサルタントらしく、歯に衣着せぬ物言いをする人物である。

「調査捕鯨時代は、鯨肉の供給量が五五〇〇トン。キロ単価が一二〇〇円だったので、六六億円の市場が確かにありました。しかし商業捕鯨二年目の二〇二〇年には、うち（共同船舶）と沿岸の小型鯨類の事業者、ノルウェーからの輸入を加えても、調査時代の半分以下の二五〇〇トンにまで落ち込んでいます。しかもキロ単価も約一〇〇〇円に下がったので、卸売市場が二五億円にシュリンクしてしまった」

〈調査捕鯨〉〈5500トン〉〈66億円〉

〈商業捕鯨〉〈2500トン〉〈25億円〉

インタビューした会議室で、ホワイトボードに数字を殴り書きしながら所は説明していく。

「調査時代、うちだけで二四〇〇トンの鯨肉を生産していました。でも商業捕鯨の捕獲枠では、一五〇〇トンから一六〇〇トンの生産が精一杯。水産庁の担当者に聞いたときはびっくりしました。調査よりも生産量が減る商業捕鯨なんてありえるのか。このままでは会社が潰れてしまう。どうするのかって」

感情的でざっくばらんでありながらも、数字をベースにした説得力ある語りが新鮮だった。捕鯨関係者のインタビューは、捕鯨の文化的な価値、捕鯨という産業が帯びたロマンやノスタルジーに話題が流れがちだったからなおさらだったのかもしれない。

「そんな状況にもかかわらず、これまで調査捕鯨を応援してくれた政治家や財界人の方たちは『商業捕鯨を勝ち取ったんだから、よかったじゃないか』と捕鯨に対する関心を失ったように見える。それに応援団は、昔鯨肉を食べていた世代で高齢になっている。ノスタルジーで捕鯨を応援して、鯨肉を食べてくれていた。別の見方をすれば、世代交代が進まずに、鯨肉市場が縮小しているんです。それでは、産業としての捕鯨は先細る一方です。ましてや商業捕鯨は続けられない」

新たな商業捕鯨で会社をどう運営していくか。消失した市場をどう復活させるのか。捕鯨の生き残りが、社長に就任した所に課せられたミッションだった。

ＫＫＰ――くじら改善プロジェクト

所とクジラとの出合いは、二〇一二年にさかのぼる。

所を捕鯨業界に引き込んだのが、東京水産大学の同窓である山村和夫だった。日本捕鯨協会理事長で、大隅とともに二九度もＩＷＣに出席した山村は、所に白羽の矢を立てた理由を語る。

「楽水会（らくすい）というＯＢ会を通して、彼が公認会計士であり、企業の立て直しを専門にやってきたコンサルタントだったことは知っていました。積極的で、度胸もある。業界の体質改善には外部の力を借りる必要があると感じていたんです」

数字を具体的に示す所の話には説得力があった。そんな感想を山村に伝えたときのことだ。実は、二〇〇四年から八年間、共同船舶の社長をつとめた山村は、話しにくそうに笑った。

「我々の時代は調査捕鯨でしたから、具体的にいくら利益が出たと言えなかったんですよ。我々がもっとも警戒したのが、『疑似商業捕鯨』という批判です。いくらで売って、いくら儲かったっていう話は、商業活動と誤解されかねませんから」

二〇一二年当時、倉庫には売れ残った鯨肉の在庫が三五〇〇トンも積まれていた。さらには日本鯨類研究所と共同船舶と合わせて実質一五億円の債務超過、約六〇億円の借り入れがあり、毎年三億円の赤字を垂れ流していた。

こうした事業形態を刷新すべく立ち上げられたＫＫＰ――くじら改善プロジェクト（鯨類捕

獲調査改革推進集中プロジェクト）に、所は経営コンサルタントとして参画する。彼の経営改革はシンプルだった。

「採算を合わせるために、やったことはたったの三つ。プロモーションをして値段を上げる。生産ラインを見直し、コストダウンする。品質を上げる」

一般にあまり知られていなかった鯨肉にふくまれるバレニンという成分や、期待される認知機能に対する効果を前面に打ち出し、新規の顧客先を開拓した。

ＫＫＰから四年後の二〇一六年には共同船舶と日本鯨類研究所を合わせて黒字化を達成し、過剰在庫ゼロ、債務超過の解消、借り入れの健全化を達成する。

しかしわずか三年後の二〇一九年、共同船舶は岐路に立つ。

日本が国際捕鯨委員会（ＩＷＣ）を脱退し、商業捕鯨に移行したのである。

商業捕鯨スタート当初、共同船舶は「実証事業支援」という名目で、国から一三億円の補助を受けた。だが、所が社長に就任した二年目の二〇二〇年度までで補助金の打ち切りが決まる。その上、商業捕鯨への移行によって経営状況が悪化していた。

原因のひとつが、鯨肉の値段の下落だった。営業利益を上げるために、鯨肉の値段をずるずると引き下げていたのだ。その場しのぎの選択は、鯨肉の値崩れを引き起こす。ＫＫＰ時代、一キロ一二〇〇円前後で取引されていた鯨肉が、二〇二〇年に所が社長に就任した時点では七一一円にまで落ち込んでいた。

危機に瀕した共同船舶の組織改革のために、そして商業捕鯨成功の羅針盤となるために、再び所に白羽の矢が立つ。

彼は、社長就任の打診を受けた心境をこう吐露する。

「周囲には反対されました。みんな捕鯨には未来がないと考えていたのでしょう。しかも共同船舶内部も混乱していました。状況を知れば知るほど、決断を迫られているのだと感じました。戦前から続いた沖合での捕鯨をやめるのか、続けるのか……」

所は、近い将来、母船式捕鯨撤退の決断を迫られるのは自分かもしれないと覚悟した。同時に、経営コンサルタントとしての自負もあった。もしも自分が再生できなかったら、誰がやっても結果は同じだろう。人生の最後の面白い仕事になるかもしれないと。

補助金体質からの脱却

所が最初に改革に着手したのが、営業である。

調査捕鯨時代、鯨肉は調査の〝副産物〟だった。流通ルートもほとんど決まっていて、新たな取引先を開拓しなくても経営は成立した。国からの補助を受けた日本鯨類研究所から支払われる用船料や人件費が収入の柱だったからだ。所の目には、調査捕鯨というぬるま湯に三二年間も浸っていた弊害で、社員の危機感や競争意識が欠如しているように映った。

所は営業担当者に「業界の構造や市場をきちんと見てみよう」「戦略的アプローチはそこからはじまるんだ」と繰り返した。

自分たちは、どこから原料を仕入れて誰に売るのか。生産する商品の代替品にはどんな製品があるのか。競合業者や新規参入業者はどこか。そうした事業の根幹を整理して、社員全員で共有した。

「捕鯨は、海でクジラを捕って、鯨肉を生産する仕事だから仕入れ先はありません。販売先は、市場や、鯨肉などの加工屋さんです」

次に鯨肉の代替品は何か。

マグロなどの刺身も、牛肉や豚肉、鶏肉も、鯨肉の代替品となる食肉だ。スーパーや飲食店で、鯨肉は刺身や牛肉、豚肉、鶏肉と競合する食品として扱われる。

次に、新規参入業者と競合業者はどうか。

捕鯨業界の特性を考えれば、新規参入業者が近い将来あらわれるとは考えにくい。日本の沿岸で小型のクジラを捕っている数社の捕鯨業者と、日本が鯨肉を輸入するノルウェーやアイスランドの業者が競合相手になる。

「ざっと整理してみただけでわかるように、捕鯨業界は仕入れ先も販売先も競合業者もすべてが見わたせる、顔が見える業界なんです」

ただでさえ小さな業界のなかで、競合したり、少ないパイを奪い合ったりして、いがみ合っていてもロクなことにならない。業界全体が手を結び、一丸となって捕鯨を盛り上げていくべきだ、と所は語る。狭い業界内で競争したり、敵対したりしている場合ではないと。

所は競合相手であるアイスランドの輸出業者の幹部に共同船舶の役員就任を依頼し、沿岸の捕鯨業者とも協力関係を築いていった。

所は社長就任以降、ＫＫＰ時代と同じ三つの改革を徹底した。

できるだけ大きなクジラの捕獲を目指し、食肉生産の過程でムダが出ないように日新丸の鯨肉生産ラインを見直した。そしてＰＲをかねて生肉を上場し、単価を上げて新規顧客の開拓に取り組んだ。

結果はすぐにあらわれた。

二〇二〇年春に七一一円だったキロ単価が、二〇二〇年末には九五七円に回復する。一年後の二〇二一年末には一一二七円に持ち直す。所は二〇二四年までに一キロ一三〇〇円に価格を引き上げたいと話した。

共同船舶は二〇二三年に、アイスランドから二七〇〇トンの鯨肉の輸入再開を決断した。

不思議に思った私は所に質問をぶつけた。鯨肉が供給過多になれば、せっかく引き上げた価格が再び値崩れしてしまうのではないか。

「共同船舶一社という立場だけなら、我々が生産した一六〇〇トンを高値で売れば、経営が楽になることは事実です。でも、我々を支えてくれる加工業者さんやクジラ料理屋さんが日本各地にいる。リーディングカンパニーとして、アイスランドからの輸入によって、捕鯨産業には未来があるんだという希望を示したかったんです。長期的に見れば、調査時代の五五〇〇トンの供給量を維持しないと日本の捕鯨業界自体が成り立たなくなってしまいますから」

やはり所が示す現実的な数字には納得感があった。そんな感想に、所は笑った。

「だって、いまの時代は、ノスタルジーやロマンじゃ食べていけないでしょう。私は商業捕鯨を成功させるために社長になったわけだから、数字で結果を見せて、みんなに納得してもらわないと」

所が見せたわかりやすい数字が、これから紹介する生の鯨肉についた一キロ数十万円という高値であり、社長就任後二年で、冷凍肉のキロ単価の一六〇％以上もの値上げだろう。

経営改革に踏み切れるのは、土台に現場の技術があってこそだ。

所の経営改革は、現場にどのような影響をもたらすのだろうか。そうした関心も、私が三度目の乗船取材を行う動機のひとつとなった。

肉の「歩留まり」

商業捕鯨移行後に変化した船員の意識を、そして商業捕鯨の本質を目の当たりにしたのは、二〇二二年の航海がはじまった直後のことだった。

日新丸が仙台港を出港した翌日の二〇二二年九月二二日午前八時過ぎ。

この日、一頭目のニタリクジラが、スリップウェーから引き揚げられた。ウインチで引っ張られた尾びれに続き、白い腹部がモニターに映し出された。難しい表情で腕を組んで、その様子を見つめる船団長の阿部敦男は誰に言うともなくつぶやいた。

「一四トンあるか、ないか……」

口ぶりに落胆がにじんでいる。期待したほど大きなクジラではなかったのだろう。

ニタリクジラは、平均すると一三メートル、一七トンほどになる。しかしデッキで正式に計測したサイズは平均を下回る一二・六メートル、一四・一トン。阿部の見立てはピタリと当たっていた。

四時間後、二頭目のニタリクジラが日新丸のデッキに揚がってきた。一頭目のクジラと打って変わって阿部の口調は軽やかだった。

「この盛り上がりがいいでしょう」

阿部は、モニターに映るクジラの丸く膨らんだ腹部のラインを指でなぞりながら、問わず語りに続ける。

「一八トンくらいはありそうだな……。こいつは魚食いだな、ほら糞が黒いでしょう。オキアミばっかり食っていたら、ここまでは黒くはならない。魚食ってるから、丸くなったんだな。鯨体(からだ)がパツンとしている」

しばらくしてブリッジに正確な計測が届いた。

二〇・二七トン――。

「よし！」

平均体重を大きく上回るクジラの捕獲に阿部はうなずいた。

捕鯨歴四二年を迎えた大ベテランの一喜一憂が、商業捕鯨のひとつの象徴のように見えた。

二〇トン超のニタリクジラが映るモニターから目を離さずに、阿部は説明した。

「調査捕鯨から商業捕鯨に変わりましたが、捕獲できるクジラの数が決まっていることは変わりません。商業だからって、何でもかんでも捕っていいわけじゃない。捕れる数も種類も厳密に定められています。だから経費を抑えて、できるだけ大きくて、脂が乗ったクジラを狙わないと利益が出ないんです。移動の燃料費も人件費もバカになりませんからね。製品にした鯨肉の歩留(ぶど)まりが悪いと、乗組員みんなの暮らしに影響が出てしまいますから」

歩留まり。調査捕鯨の現場では耳にしなかった言葉である。

クジラは体重の約五〇%を食肉にできる。単純計算で、鯨肉がキロ一〇〇〇円で売りに出されたとする。

二頭目のクジラは約二〇トンだから、五〇%が食肉となれば一〇〇〇万円を超える。一頭目の七〇〇万円との差額は、三〇〇万円に上る。

発見したクジラは、第三勇新丸のボースン・片瀬尚志(ひさし)が大きさを推定して日新丸ブリッジに報告する。そのクジラを捕獲するか。捕獲を見送り、次のクジラを探すのか。

最終的に決めるのは、船団長の阿部である。

阿部の判断ひとつひとつの積み重ねが売り上げを左右する。

いつか誰かが口にした一言を阿部も口にした。

「胃が痛くなりますよ」

のちに私はそれが言葉の綾ではないことを知る。

現場の三つの変化

歩留まりについて話してくれたのが、鯨肉製造の責任者である藤本聡(ふじもとさとし)である。二〇二二年の航海時点で三七歳の船員だ。

「仮に船員の日当が一日二万円だとします。船団を動かそうとしたら人件費だけで毎日二〇〇万円から三〇〇万円の固定費が必要になる。一頭も捕れなかった日は、三〇〇万円のマイナス。捕れた日は捕獲したクジラの大きさを見て、これなら経費が賄えるなとか、ちょっと厳しいな、とか……そんなふうに考えるクセがついてしまいました」

乗船し、解剖の現場を見学した私は、すぐに三つの変化に気づいていた。

ひとつ目が、クジラを解剖するデッキの床に敷く素材が変わっていたことだ。

調査時代は木材だったが、商業捕鯨の乗船時にはプラスチックのような素材になっていた。解剖デッキはいわば、クジラをさばくまな板だ。デッキを歩いてみて、まな板が木からプラスチックに変わったと気がついたのだ。

二つ目の変化が、クジラの排泄物である。

かつては、解剖デッキに引き揚げられたクジラの肛門から排泄物が垂れ流されていた。現在はクジラがデッキに揚がると、いち早く肛門にウェスを詰める。

そして三つ目が水まきである。デッキ上を海水で常に洗い流しながら解剖を行うのだが、調査時代の航海では、そこまで徹底されていなかった覚えがある。

当初、三つの変化について、さほど深く考えていたわけではなかった。だが、それは、藤本が苦労して現場に浸透させた、鯨肉の品質向上に不可欠な取り組みだったのである。

「山川さんが乗った二〇〇七年、二〇〇八年は、解剖デッキはまだブナ材だったはずです。でも、いまはポリエステル材に変えました。ブナ材だと肉に木くずも付着するし、血や脂が染み込んで衛生的な環境とはいえなかったので」

藤本は衛生面のリスクを具体的な数字を並べて解説する。

「もしも肉に大腸菌が付着したとしたら刺身として提供できなくなってしまいます。加熱用の肉になると二〇％か三〇％値段を下げざるをえない。製品にできるのはクジラの体重の五〇％前後。平均するとニタリクジラなら一頭からだいたい七トンの食肉が生産できます。仮に一キロ一〇〇〇円としたら単純計算で一頭七〇〇万円。その肉が菌におかされたとしたら……」

七〇〇万円の肉が二割から三割引きとなると、一四〇万円から二一〇万円の損失となる。一頭だけならまだしも、汚染が数頭、数十頭に広がってしまったら。

「従業員何人分の月給に相当するのか……。いい加減な処理をしていると損失ばかりが増えてしまう」

藤本が淡々と並べる数字は、具体的に想像できる金額なだけにリアルだった。

「もしこの船に乗らなかったとしても、食品の道には進んでいたと思います」

確かにメガネをかけた色白の藤本は、クジラを追う船乗りというよりも、白衣をまとい食品開発にたずさわる姿が似合いそうなたたずまいである。

大阪市の実家の近所には魚市場がある。新鮮な魚介類が身近だったせいか、幼い頃から海と食品が好きだった。下関の水産大学校で食品加工を学んだ藤本が、日新丸で鯨肉と向き合うようになったのは二〇〇九年のことである。

デッキにホースで水をまく藤本聡

乗船直後から藤本が取り組んだ衛生面の改善は、製造部員たちの意識改革でもあった。彼は往事を思い返したのか、「相当苦労しました」と苦笑した。

「清潔な環境を保とう」といくら繰り返しても誰も聞く耳を持たない。たとえば「一頭目の解剖が終わったら水を流してください」と伝えても誰も動こうとしない。総スカンを食らった。

製造部員には水産高校を卒業してからずっと働く叩き上げや、ほかの漁船で揉まれたベテランが多い。そこに責任者として日新丸に乗り込んだ大卒の若手社員が、改革策を打ち出したのだ。

船員たちが抵抗を覚えるのは想像に難くない。長年続けた自分たちのやり方を、大卒の新人が否定したと受け取ったベテランもいただろう。あるいは余計な雑役が増えたと面倒くさがる船員もいたに違いない。

「事前に製造長やリーダーに相談していれば、協力してくれたんでしょうけど……」

そう藤本が語るように改革を円滑に行うために、根回しは必要なのかもしれない。だが、根回しに長けた世慣れた青年よりも、慣習を無視して、強引にでも正しいと信じる道を邁進する若者の方が、新しい風を起こす改革者にふさわしい。藤本は後者だった。それに藤本はあきらめが悪かった。

暑い日も寒い日も、みんなが休憩している間も、ひとり水をまき続けた。

デッキでは包丁を使えないと一人前として扱われない。それが製造の文化である。

藤本も、ベテランの乗組員にコツを教えてもらったり、自ら試行錯誤したりして包丁の使い方を身につけた。入社して三年、五年が過ぎた。藤本の話に耳を傾ける船員が徐々に増えた。

彼の改革は、ゆるやかに、しかし製造の現場を確実に変えた。

ふだん藤本はデッキの真下の製造事務室でパソコンと向き合って、生産量に頭を悩ませたり、陸とのやり取りに忙殺されたりしている。けれども、いまも藤本は、クジラが揚がってくるたびに截割デッキに上がって、包丁を振るう。截割とは、解剖で切り分けた鯨肉を三〇キロから一〇〇キロの部位ごとのブロックにカットする工程である。

中華包丁のような分厚い刃物を鉈のように使って赤肉を切り分け、青と黄色に色分けされたカゴに手際よく放り込んでいく。カゴの色ごとに肉の等級が決まっているのだ。

「叩き包丁といって、硬い筋は叩くようにしてさばくんですよ。以前、鯨肉をカットする方法をマニュアルで示そうという話もあったんです。上手なベテランの動きや切り方を撮影して、マニュアルにできないのか、と。でも、現実的に難しかった。人によって包丁の好みの厚さも違いますし、ノンコをかける位置も違う」

「ノンコ」とは鯨肉を引っ張ったり、押さえたりする際に用いる手鉤(てかぎ)である。

〝鯨肉を叩く〟手を止めずに彼は続けた。

「そもそも鯨肉の硬さや筋の入り方が毎回違うので、説明したり、マニュアル化したりしてもみんなが同じようにできるものではないんです」

手に馴染んだ包丁が、試行錯誤の歳月の結実だった。

クジラを撃つ砲手や、巨大なクジラを解剖する大包丁ほどの派手さはないかもしれない。けれども、よりよい鯨肉の生産を目的とする商業捕鯨に、不可欠な改革でもあった。

刺身肉の頂点

日新丸のサロンでは、毎日のようにクジラの生肉が出た。

第三勇新丸の砲手・平井智也は、生肉について妻と子どもに決まってこんな話をする。

「船で食う鯨肉はすごくうまいんだ。食べさせられないのが、残念だ」

平井の言葉に全面的に共感する。鯨肉をまずい、臭い、硬い、と語る人がいたなら、ぜひ一度、生肉を食べてみてほしい。誇張ではなく、肉の概念が変わるほどのうまさなのだ。

生肉の生産と上場は、共同船舶が企業としての生き残りをかけた試みである。

社長の所は生肉を「脂の粒子が細かくて上品。強いていえばマグロの中トロと牛肉を足して二で割った味と食感」と評していたが、私も日新丸のサロンで生肉を食べるたびに、ふさわしい表現を考えてみた。

弾力がありつつも、とろけるほど軟らかい。臭みがないのに、口に入れると肉独特のしっかりとした味が広がる……。が、どれもしっくりこない。

あえていえば、高級馬刺しに似ているとも思うが、表現しきれない。隔靴掻痒（かっかそうよう）でもどかしかった。どう言語化すればいいのか。

「すべての肉の刺身の頂点です」

何気なく尋ねてみると、藤本は胸を張るようにして即答した。

「馬刺しも、牛刺しも、鳥刺しもクジラの刺身にはかないません。でも、うち（共同船舶）の出荷量を日本の人口で割ると、一人に焼き鳥の串一本分が行きわたるかどうか。食べられているのはひとりあたり数グラム程度なんです」

鯨肉の需要は減っている。

二〇二〇年度の供給量は牛肉が約八二万トン、豚肉が約一六〇万トン、鶏肉が約一七〇万トン。対して鯨肉は輸入も合わせて約二五〇〇トンに過ぎない。牛肉のわずか三%、豚肉・鶏肉の〇・三%程度の供給量にとどまっている。クジラの供給が、牛、豚、鶏を上回り、ひとりあたり年間二キロ以上も食べていた昭和の商業捕鯨時代とは比べるべくもない。

鯨肉には需要がない。だから捕鯨はやめるべきだ。捕鯨に反対する立場の人が主張する意見である。だが、藤本は鯨肉のポテンシャルをこう語った。

「鯨肉は、肉と魚両方のバックアップになりうる食肉だと思うんです。いまコオロギなどの昆虫食が話題になっていますよね。仮に食料難になったら、コオロギとクジラ、どっちを食べたいですか、と聞いたらほとんどの人はクジラを選ぶはずです。それに鯨肉はクリーンな食材なんです。牛や豚、鳥にしたって、家畜はみんな、抗生物質を注射したりエサに混ぜて食べさせたりするじゃないですか。でもクジラは環境汚染が少ない遠洋に暮らす野生動物だから、もっともクリーンなタンパク源なんですよ」

藤本は「でもね」と悔しさを隠さなかった。

「年間の販売量でいえば、鯨肉はウニに負けているんですよ。この数字を知ったときは本当にショックでした。知りたくもなかった。これからクジラが日本人にとって、サバくらいの位置づけになってほしい」

藤本は目下、クジラの血液や血管、睾丸などを食材とした料理を開発中だ。

「睾丸はボイルするとハマグリみたいな味がして面白い。血管もただ焼くだけでも歯ごたえがあっていいですね」

温暖化

航海が終わりに近づいた一一月四日、日新丸船団は根室の南東二五マイルの海域にいた。
〈ｂｒ　１８７〉

〈ｓｅｉ　21〉

ブリッジの左舷側に掲げられたホワイトボードにはマジックでそう記されていた。

〈ｂｒ〉はニタリクジラ、〈ｓｅｉ〉はイワシクジラの略で、下の数字はこの日までに捕獲した数だ。

私が日新丸に乗船してから一一月三日までの四三日間で、ニタリクジラは捕獲枠一杯の一八七頭を捕獲した。イワシクジラの捕獲枠は二五頭。つまり二〇二二年の商業捕鯨もあと四頭のイワシクジラの捕獲を残すばかりとなっていた。しかし阿部は浮かない表情だった。

「今日から最後の生肉ですからね。生肉がなければ、早めに捕獲して、操業を終えることもできるんですが……そのあたりが難しいんですよ」

この日までの鯨肉はすべて冷凍されて、日新丸の倉庫に保管されていた。

阿部は、航海最終盤の四日間で、最後の四頭を生肉用として捕獲する計画を立てていた。通常、生肉用のクジラの捕獲と生産は帰港直前に行われる。

生の肉は鮮度が命だ。操業を中断し、港に運ぶ場合もあるが、それではコストがかかりすぎてしまう。

生肉を生産するポイントとなるのが、捕獲するタイミングだ。捕獲が早すぎると船が港に戻るまでに肉が傷んでしまう。遅くなると脂が乗った個体を選べないというリスクがある。何より相手は野生動物である。都合よく捕獲できるとは限らない。

下関への帰港は一一月一二日。その二日後に下関市場で、イワシクジラの生肉が上場される予定だった。そうすると遅くとも一一月八日には操業を終え、下関に向かわなければならない。

七月の仙台市場ではニタリクジラの生肉に一キロ二〇万円、一〇月の大阪市場では同じくニタリクジラの生肉に一キロ二五万円の値が付いた。より希少価値が高いイワシクジラの生肉は、ニタリクジラ以上の高値が期待された。

果たして成熟して脂が乗ったイワシクジラが捕れるのか。阿部は不安を抱えていた。二〇二二年はイワシクジラの発見が例年よりも少なかったからだ。

ニタリクジラは表面水温二〇度前後の温暖な海域に生息する。初夏から秋にかけて、ニタリクジラの捕獲が順調だったのは、海水が温かかったからだ。他方、イワシクジラが好む水温は一四から一五度。だが、秋が深まっても海水温が一向に下がらず、イワシクジラの発見がまばらだったのである。

チャートテーブルの前で、阿部が眉間にしわを寄せ、口をきつく結んでA4サイズの用紙をにらむように見つめていた。気象庁が公表する海面水温予想図である。

海水温が〇度から五度きざみで色分けされ、海面の温度が高いほど赤味が濃くなり、低くなるほど青味がかる。

船団がいる根室半島沖は、二〇度前後を示すオレンジ色から黄色に染まっていた。

「本来、この時期になるとこのあたりは青や水色のはずなんですけど」

阿部はいまだにオレンジや黄色の根室半島沖を指さした。

夏場、イワシクジラは北の水温が低い海域にいる。秋になると、冷たい親潮とともに南下するエサを追って根室沖に集まるはずなのだが……。

「今年はまだのようです。温暖化のせいなのか……。海が温暖になれば、エサとなる生き物の動きも変わる。それが、クジラに跳ね返ってくるんです」

四〇年以上もクジラを追った阿部でも、温暖化による海洋の変化とそれにともなうイワシクジラの動きが読めずに、頭を悩ませていたのである。

それでも生肉の生産をはじめた初日。船団は二頭のイワシクジラを捕獲する。

サロンに入るとすでに阿部が夕食の寿司を食べていた。私は、向かいの席に腰かける阿部に、あと二頭ですね、と話しかけた。

「やっと先が見えてきましたけど、まだ油断できませんね。でも陸上（共同船舶本社）では隣の畑で大根を二本抜いてくるみたいに、簡単に一日二頭捕れると思っているんですよ」

阿部は寿司をつまみながら軽口を叩いた。二頭の捕獲に心底、安心したのだろう。

サロンを出た私は、居住区の外に出た。スマホの電波が入ると聞いたからだ。空調が効いた居住区とデッキを隔てる重い扉を開くと、冷たい風が吹き込んできた。日新丸に乗船した九月は半袖でも汗でびっしょりになるほど暑かった。それからもうすぐ一カ月半が経とうとしている。

今朝の気温は九・七度。すっかり陽が落ちて、いまは五度を下回っているかもしれない。北海道沖に吹く秋の風は刺すように冷たかった。

鯨肉の価値を変えるために

前日までのうねりが消えて平らに凪いだ海面で、海鳥が羽を休めていた。

生肉用のイワシクジラの捕獲をはじめて四日目の一一月七日。いつものように六時四〇分にブリッジに顔を出すと阿部は満面の笑顔を見せた。

「一歩遅かった。いま命中しました」

しばらくすると、第三勇新丸から一四メートルのメスという連絡が入った。

例外もあるが、ニタリクジラやイワシクジラは、オスよりもメスの方が大きく脂の乗りもいいといわれている。阿部は、できればメスのイワシクジラで生肉を生産したいと考えていたが、これまで捕獲できたのは三頭連続でオスのクジラだった。

「完璧！」

待ちに待った脂が乗ったメスの捕獲に阿部は拳を握った。

「今年はダメかと思ったよ。胃が痛くてメシが食えなかった。もしも捕れなかったら、ロシアに亡命するしかないと思っていた」

三日前に寿司を食べて以来、サロンで阿部と顔を合わせない理由がわかった。それほどのストレスにさらされながらも船団長として、メスのイワシクジラの捕獲を待ち続けていたのだ。

解剖が終わると、藤本を中心に数人の船員が、生肉保存用のタンクの中身を移し替えている。肉塊の状態を慎重に幾度も確認する。

そしてシャーベット状の液体が満たされたタンクに鯨肉をそのまま沈める。海水を凍らせたスラリーアイスだ。ハンマーで割った氷を使ったり、皮をつけたまま肉塊を冷やしたり……。試行錯誤の末、生肉の保存には、冷えるスピードと均質性に優れているスラリーアイスがもっとも適しているという結論に達したという。

藤本は鯨肉の性質について、こう話していた。

「当たり前なんですけど、クジラは大学で学んだ魚とはぜんぜん違った。クジラは哺乳類なので肉自体が熱を持っています。魚は鮮度を保つために冷凍する前に冷やし込む。大学で魚について学んできたことが、クジラでは通用しなかった。クジラは魚のカテゴリーではないと思い知りました。魚とは違う恒温動物なんだ、と。実は、いろいろと試して魚の常識が本当に通用しないんだと実感できたのは、割と最近なんです。意外に思われるかもしれませんが、鯨肉の成分って鶏肉ととても似ているんですよ。だから、いまは鶏肉を参考にしつつ、保存方法や調理法などを考えているところです」

下関市場で、この生肉が一キロ五〇万円の高値をつけたのは、一週間後の一一月一四日だった。当時としては、鯨肉の史上最高額を記録した理由は、下関市場にとって生肉の初競りだったことに加え、ニタリクジラよりも希少価値が高いイワシクジラだったのも大きいだろう。

下関の市場関係者は、こんな話をしてくれた。

「コロナ禍がやっと終わって、活気づいた時期だったことも大きかった。それに、下関は日新丸の母港です。クジラで東京や大阪に負けられないという意識があったんです」

藤本は陸上の営業部に同行し、鯨肉の加工業者や料理店に足を運び意見交換した経験がある。彼らの声に耳を傾けた彼は、「生肉を船でしか食べられないのは、もったいない。生肉の味さえ知ってもらえれば、クジラの価値は変わるはず」と確信する。

調査捕鯨時代に〝副産物〟として扱われた鯨肉の価値をいかに高めるか。いや、本来の鯨肉が持つ価値をいかに知ってもらえるか。

生肉のおいしさを、クジラの本当の味を、知ってほしい——。

捕鯨にたずさわる者たちの純粋な願いだ。それは、自分たちの仕事を理解してほしい、捕鯨という産業の価値を知ってほしい。そんな切なる願いにほかならなかった。

一二　歯車のプライド

パン立て場

「生肉はシビアです。尾肉はとくに」

そう実感を込めて語っていたのは、五〇万円を記録した生肉の成形を担当した製造部のリーダーのひとり、折口圭輔だ。五〇万円の値がついた生肉は、一般的には「尾の身」、製造の現場では「尾肉」と呼ばれる希少部位だ。

一キロ数十万円の価値が付く肉に包丁を入れるのである。想像しただけでも緊張する。ブロック肉を一キロごとに切る。そう説明すると、いかにも簡単そうに思えるが、ことはそんなに単純ではない。

「一度、包丁を入れて、間違えればアウト。切った肉はもとには戻せません。うまく成形できれば、二〇万、三〇万、五〇万円で売れる可能性がある肉の値段が一気に下がってしまうんです」

生肉は鯨肉のイメージ刷新を狙った目玉商品といえるが、常時供給できる商品ではない。日新丸船団は二〇二二年に一六五〇トンの鯨肉を生産したが、生肉はそのうち八・五トンほどだった。

共同船舶の〝主力〟は、あくまでも従来通りの一キロ一〇〇〇円程度の冷凍肉だ。冷凍肉の価値や質を上げるには、冷凍設備やコンベアなどの設備投資以上に、技術が必要とされる。

技術の習得に特効薬はない。当たり前の事実に気づかせてくれたのが、折口だった。

製造部には大包丁の矢部や富田隆博ら、やんちゃで気が強そうな船員が多いなか、メガネをかけて長髪の折口は茫洋とした雰囲気をかもす青年だった。一九八二年生まれの彼も、通信長の津田憲二が探鯨に情熱を傾け、砲手の平井智也がてっぽうさんに、そして矢部基が大包丁に憧れていたように、自身の役割に並々ならぬこだわりを持っていた。

クジラをさばく。

折口たち製造部の仕事を説明するなら、その一言ですむ。

だが、製品にするまでには、数多の技術の蓄積がある。

大包丁の矢部たちが解剖した鯨肉は、デッキの奥にある截割(さいかつ)場で部位ごとに大まかにカットされる。カットされた肉はベルトコンベアに乗せられ、階下の作業場に落とされる。

階下の作業場は「パン立て場」と呼ばれる。

パン立て場の船員は、一〇キロの肉が入る長方形のザルに部位ごとにピタリと合うように鯨肉を成形する役目をになう。

パン立てという名称は以前、ステンレス製の冷凍パンと呼ばれる容器を使っていた名残りである。現在は、ザルに収められた肉は機械的に真空パックで包装される。

包装された鯨肉は急速冷凍室、通称「急冷」に送られる。その後、製品は「冷艙（れいそう）」という巨大な冷凍倉庫に運ばれ、マイナス二五度で保管される。

折口は人員配置の関係で現在は急冷のリーダーだが、捕鯨船に乗ってから約二〇年のキャリアのほとんどをパン立て場で過ごした。誰もが認めるパン立てのエースである。

現在、ザルに詰めた鯨肉はデジタルの台秤（だいばかり）で計測しているが、かつての航海では天秤（てんびん）秤を使用していた。当時、冷凍パンに一五キロの肉を詰める決まりになっていた。

冷凍パンに一五キロぴったりに収めるとセットされた秤の重りがふわりと上がる。その瞬間がなんとも優雅で美しかった。

大包丁を持つ男たちがクジラと格闘するデッキのすぐ下の階層では、こんなに繊細な作業が行われているのかと感心した。

「ふわりと上がるっていうか、一五キロぴったりだと天秤が空中でピタリと止まるんですよ。あの瞬間、ホントいいですよね」

折口は、秤がピタリと止まった一瞬がよみがえったのか、うれしそうな笑みをこぼした。

肉が一五キロに満たなければ、重りはピクリとも動かない。逆に重すぎると重りが振り切れてしまう。

「昔のアナログ秤では三〇〇から、四〇〇グラムくらいの誤差が出た。秤ごとに癖があるし、水滴がついただけで変わってくる。感覚が大切だったんですけどね。そこが身につくまでは、むちゃくちゃ苦労しましたよ。覚えがいい方じゃなかったんで……。新人の頃なんて、周りは

鯨肉をカットする製造部のリーダー・折口圭輔（撮影：津田憲二）

パン立て歴三〇年、四〇年の（昭和の）商業捕鯨時代からのおじいちゃんばかり。ひとりのおじいちゃんが付きっきりで、切るたびに『違う、違う』って毎日怒られて。スパルタですよ。あれはきつかったですね。必死でやるしかなかった」

折口を指導したベテランは宮城県出身だった。長崎県五島列島出身の折口には、訛り（なま）が強すぎて何を話しているのか理解できなかった。

「オレの言っていることわからねえが？」

「はい、ちょっとわからないです」

そんなやりとりを繰り返し、やっと包丁の持ち方を指摘しているのだと思い当たる。当初は、なぜ、怒られているのかすらわからなかった。

「でもそれがよかった。ラッキーでした。厳しく教えてもらえたから、ほかの人よりも技術が早く身についた。いま思えば本当にスゴい熱量だったし、我慢強く教えてもらえた。本当に感謝しているんです」

ベテランたちも新人を早く一人前にしなければ、と考えていたに違いない。

いかに〝切らない〟か

カットした肉をカゴに詰める。パン立ての風景は淡々としていて、クジラを追う緊張も、解剖のダイナミックさも感じない。作業を見ているだけではパン立ての難しさがわからない。

折口は身振りをまじえて説明してくれた。

「三〇キロの肉の塊を細かく切って、一〇キロ分をパンに詰めるっていうなら誰でもできる。でも切れば切るだけ、肉の価値は下がってしまいます。包丁をいかに少なく入れるか。ポイントは、極力切らないことなんです」

尾肉だけでも〈尾肉一級〉〈尾肉二級〉〈尾肉〉〈尾肉小切れ〉〈尾肉徳用〉〈尾肉切落〉と六種の製品がある。刃を入れるたびにランクが落ちてしまう。数十万円の値がつくはずの鯨肉が、パン立ての腕次第で、一桁安くなってしまう場合もある。

鯨肉を切る。それが折口たちの仕事のはずだ。

しかしスキルを持つ船員ほど、包丁を使わずに仕事をこなすという。強い者こそ、刃を振るわない。まるで劇画の剣豪が追求する剣術の神髄だ。

派手さはないが、奥が深い。新人が最初から包丁を握れる世界ではない。

入社当初、折口は空のパンをローラーコンベアに延々と流し続ける「パン流し」という仕事を与えられた。

パン立て場は、食品加工場と呼ぶにふさわしい。一〇人ほどが囲む大きなテーブルをローラーコンベアがぐるりと取り巻くように設置される。

デッキでは光が反射するために肉質を正確に見極めるのが難しい。そのためテーブルの周囲には、肉質の判断に長けた船員が配置される。

一口に鯨肉といっても、六〇を超える部位や製品がある。同じように見える赤肉も、〈赤肉特級〉〈給食赤肉〉〈ホホ肉〉〈胸肉一級〉〈ハラミ〉〈加工一級〉……といくつにも分類される。

地下のパン立て場では、オーバーオール型の防水ズボンに防水エプロン、衛生帽をかぶり、右手に包丁、左手にノンコを持つ乗組員が、忙しく手を動かしている。

よく観察すると動かしているのは手だけではない。船員たちは、一〇〇キロ近くあるブロック肉を、全身を伸ばすようにしてノンコに引っかけたあとに、手元に引きよせて、決められたサイズにカットしていく。

二年目の折口は、デッキから肉塊が落とされるテーブルの上に立たされた。比喩ではない。テーブルの上に立ち、周囲の船員が引き寄せやすいように「押し棒」という道具で肉塊を押し出す役割を与えられた。

そして、三年目にしてはじめてパン立て場で包丁を握る。

厳しいベテランの指導を受けながら折口は技術を磨いた。

パン立てで、もっとも腕の立つ船員が担当するのは、尾の身をパンに詰める「尾肉立て」だ。

「尾肉立て」をまかされるまで、包丁を握ってから早くても七、八年はかかるらしい。だが、折口は五年目にして、その重要なポジションに就いた。折口は言う。

「漠然と目の前にある肉をただ払っている（切っている）だけでは、ダメなんです。パズルみたいな感じで考えながらやらないと」

いい加減、目を覚ませ

デッキからパン立てテーブルに、尾肉の塊が送り込まれる。

塊を見た瞬間に折口は「このあたりで一級をひとつ（パン一個分）つくって、この部位で二級が三つ、そうすると三級は五つつくれるな」とパズルを組み立てるかのように瞬時に目算し、迷いなく包丁を入れる。躊躇して包丁を入れる位置や角度を間違えれば〈尾肉一級〉から〈尾肉小切れ〉〈尾肉切落〉にランクが落ちてしまうからだ。

折口は、肉塊の先端部分にある、尾肉一級に使えそうな部位からパンに立てる。

次に二級尾肉、三級尾肉と等級を下げながら肉を切り出していく。

そして最後の肉をパンに詰め終える。肉が一片も残っていないキレイなテーブルを見た瞬間、言いようもない充実感と満足感におそわれる。

「あれが、メチャクチャ気持ちいいです。調査時代からやっていることは変わりませんけど、限られた原料からどれだけ製品にできるか。ムダなく製品にしなければなりませんから。パンを立てた数がリアルに売り上げになる。その分自分たちの給料が上がるんでね。そこが調査と商業の違いですね」

共同船舶は調査捕鯨という国策に生かされた企業だった。利益をさほど気にせず、いや利益を上げると「疑似商業捕鯨」という批判を浴びる特異な体質だった。社長の所は、営業担当者が競争を経験してこなかったと語っていたが、それは船員たちも同じだった。

折口は「オレは……」と一度口を開きかけ、「いや、オレだけじゃなくてみんなそうだと思うけど」と語り直した。

「ずっと調査捕鯨が続くと考えていたんですよ。国は目標として商業捕鯨再開を謳ってはいるけど、国の補助に甘えていたというか。ずっとこのままなんとなくやっていくのだろうと。でも、いきなり商業捕鯨になった。それなのに、みんないまだに調査捕鯨に染まりきっているんです。結果が出ないけど、一生懸命にやりました、で許されるのは公務員くらいでしょう。オレたちは公務員じゃないんだから、もっと金になるように、儲けるようにやらないと。それなのに調査捕鯨の意識のままで惰性で続けている。みんなまだ目が覚めていないんですよ」

鯨肉の生産についてもそうだ。

調査時代も肉質向上を目指してはいたが、鯨肉はあくまでも調査の〝副産物〟としてあつかわれた。極端にいえば、調査が優先されて、上質な肉の生産は二の次だった。

しかし商業捕鯨への移行により、状況が一変する。

赤字が続き経営が軌道に乗らなければ、母船式捕鯨が潰える。それは、折口たちが青春をかけた仕事の消失を意味する。

折口は、仲間への思いを真っ直ぐに語った。

「いい加減、目を覚ませよ、って」

歯がゆい思いを共有できる、数少ない仲間のひとりが矢部だった。

「これを見てください」

ある日の解剖中、私は矢部に呼び止められた。

「ここに赤肉がこびりついてますよね」

彼が大包丁の刃先で、白い背骨に残ったわずかな肉片を示した。

「いま解剖で気をつけているのが、骨に肉をできるだけ残さないこと。骨からキレイに肉を剝がせれば、それだけ製品の量が増えますから」

利益を上げるには、肉質を高めて、一頭からいかに多くの食肉を生産するかが重要になる。骨に付着したわずかな肉片でも商品にできれば、それだけ利益が増える。

解剖の技術、そしてわずかな肉片も商品に加工しようとする細やかな意識が、利益に直結し、船員たちの生活を支え、母船式捕鯨の存続にもつながる。

矢部との何気ないやり取りに捕鯨の変化を感じたのである。

産業を成立させる歯車

「矢部っちが解剖のリーダーになって、製造の現場は間違いなく変わったんですよ」

折口は、同学年の矢部をそう語る。

「山川さんも知っている十数年前の大包丁の人たちも技術はすごかった。その反面、製造のなかでは自分たちが一番偉い。『オレたちはここまでやったんだからあとはよろしく』っていう意識だった気がします。もちろん大包丁がクジラを解剖してくれなければ、オレらはパン立てができません。でも、まず第一に考えなければならないのは、製造部全体としてどうやって質のいい鯨肉を生産するかじゃないですか」

そこにも、調査捕鯨時代の公務員意識が介在していたのではないかと折口は考えている。

鯨肉の生産は、解剖、截割、パン立て、急冷の四つの工程に分けられる。

調査捕鯨時代は、自分の部署が早く終われば、それでいいという縦割りの意識が根強かった。

折口は「切れば切るだけ、肉の価値が下がる」と指摘していたが、それはパン立てに限った話ではない。

解剖や截割がずさんだと、パン立てで規格の肉を成形するのに苦労する。手間がかかる上、鯨肉の価値が下がる恐れもある。一キロ二〇〇〇円の商品が、八〇〇円程度になってしまう場合もざらだ。折口は、「結局、パン立て場の船員が、解剖や截割の尻拭いをしなければならなかった」と語った。

「それなのに、昔の大包丁は次の工程にまで気を遣っていなかった。いや、製造ライン全体を見渡して解剖をしてくれるリーダーは、矢部っち以外にいなかったんです」

折口によれば、矢部は解剖が一段落すると、パン立て場にひんぱんに顔を出すという。自分たちが解剖し、カットされた肉塊がパン立てしやすい形やサイズになっているか確認するためだ。そして折口らと改善点などを話し合うのだ。

「矢部っちは目的をはき違えていない。大包丁の本当の目的は、クジラを早くキレイに解剖することじゃなくて、いかにいい製品をつくるか。矢部っちは製品の最終的な形を意識しながら、解剖をしてくれているんだと思います」

その視点は、鯨肉の品質を決定づけるパン立てを主戦場にし、製品を「最終的な形」にする急冷のリーダーをつとめている折口ならではだろう。

「矢部っちは、くそ真面目で、親分肌なんですよ。彼がいなければ、製造が回らない」

矢部をストレートに評した折口は、「そういえば、矢部っちはオレのこと、なんか言ってました？　今度、インタビューするときに聞いてみてくださいよ」と笑った。

矢部は、なんと答えるだろうか。

折口の言葉を伝えると、矢部は照れくさそうに顔をほころばせた。能弁な折口とは対照的に、彼は言葉を選びながら話した。

「まずオリ（折口の愛称）は技術がスゴい。ほかの人から見たら自分たちはみんな同じ仕事をしているように見えるかもしれないんだけど、部署ごとに求められる技術が違うから、自分にオリは超えられないんですよ。リーダー同士が互いに認め合っているから、部署間の風通しもよくなったんだと思います」

折口と矢部の技術は、すでにある点にまで到達したのではないか。彼らに問えば「まだまだ」という答えが返ってくるだろう。

だが、高い技術という土台に立つからこそ、広い視野を持って、鯨肉生産というプロセス全体を、捕鯨という仕事全体を俯瞰できるのではないかと思えるのである。

ある日、折口が酒を飲みながら、こんな話をしてくれた。

「オレたちの仕事って、ひとつひとつ、ひとりひとりがやっていることって小さいじゃないですか。解剖はダイナミックに見えるけど、大包丁だけじゃなくて、ノンコを持ったり、ワイヤーを引っ張ったりする子がいて、ウインチを操縦する人がいて……。みんな小さな限定的な仕事をして成り立っていますよね。パン立てでいえば、空のパンをベルトコンベアに流し続けるヤツもいたんです。ひとつひとつの小さな仕事、ひとりひとりの小さな技術が集まって、鯨肉を生産できる。誰が欠けてもダメなんです」

いくつもの小さな歯車が役割をまっとうするからこそ、いまも母船式捕鯨という世界唯一の産業が成立しているのである。

折口は、歯車のプライドを抱き、捕鯨船団に貢献しようとしていた。

かつて矢部と折口は、解剖やパン立ての技術を習得しようと情熱を傾けていた。

二〇年を経たいま、組織のなかで責任を負う立場になった。

立場の変化がそうさせたのだろう。個の情熱から、母船式捕鯨という産業を支える誇りへ。仕事のモチベーションが変容したように感じられた。

二〇二二年の航海は、二一二頭のクジラから約一六五〇トンの鯨肉を生産して幕を閉じた。一六五〇トンもの鯨肉が生産できたのも彼らの技術があってこそだ。

折口や矢部ら製造部の船員たちの言葉に耳を傾けながら思う。商業捕鯨に移行し、彼らが、長年培ってきた技術を遺憾なく発揮できる舞台がようやく整ったのだ、と。

一三　技術の継承

船を降りる

次の世代に母船式捕鯨の技術をどのように引き継いでいくのか。

矢部は、こんな危惧をたびたび口にしていた。

「母船式捕鯨の技術は一度途絶えてしまったら復活は不可能だと思います。本当なら数珠(じゅず)つなぎで継承すべきなんでしょうけど……」

それは、矢部自身が世界で唯一となった捕鯨母船の乗組員として、技術を受け継いだ自覚から生まれた危機感に違いなかった。

捕鯨技術の継承は、十数年前の調査捕鯨時代から危ぶまれていた問題でもあった。

では、調査から商業へと技術はどのように受け継がれたのか。過去を振り返れば、技術継承のヒントが見えてくるのではないか。

はじめて乗船取材時した二〇〇七年、当時の製造長が嘆いていた。

「会社（共同船舶本社）は、人さえ乗せればいいと思っている節があるけど、現場はそうじゃないからさ。見ていてわかると思うけど、そんな簡単なものじゃない。まず歩くところから教えないといけないんだから」

これも比喩ではない。新人は、整列してデッキを歩く訓練をする。デッキ作業を行う船員はスパイク付きの長靴を履く。慣れないと、当時はデッキに敷いていた木製の板の隙間にスパイクが挟まり、長靴が脱げたり、転倒したりする危険がある。デッキではみなが刃物を持つ。たかが転倒とバカにはできないのだ。当時の製造長はこうも話していた。

「技術云々以前に、新人は、最初はただ突っ立っててケガだけはしないようにしてくればいい。そのうち、ひとつひとつ仕事を覚えてくれればね。クジラを解剖するなんて現場、最初はみんなびっくりするに決まっているんだから」

調査時代の製造部は若者たちが多かった。三〇歳以下が五割以上を占めた。ほとんどが水産高校を卒業して日新丸に乗り込んだ青年たちだ。組織の中核をになう働き盛りの三〇代、四〇代がほとんどおらず、残りは五〇代以上のベテランだった。

ベテランから若手や新人への技術の継承が、喫緊の課題だったのである。

それは弊害ばかりではなかった。日新丸船団全体が、若かったからか、活気にあふれていた。製造部には、全国の水産高校を出たばかりの腕っ節が強く、気が荒い若者が集まってきた。そんななかでも意欲があり、仕事ができる若者に大包丁がわたされた。船員たちは仲間であり、ライバルでもあった。

誰が大包丁を持つか。デッキ上では競争意識がほとばしっていた。

当時、矢部は大包丁の助手であるワイヤー引きを担当する若手船員のひとりだった。

若手の中心人物が、身長一九〇センチもある大包丁だった。大きな所作で素早く大包丁を振るう姿が、武道の型を思わせた。作業着の背中にペンで描いた雷神や龍の大きなイラストが、あごひげを蓄えた野武士のような面魂も相まって、とても様になっていた。

「それぞれ自分の体形に合った大包丁の扱い方があるんです。ぼくの理想は、舞うようにクジラを解剖すること。力を抜いて大包丁を振るえば、早く解剖できるし、見栄えもいいですから」

後輩たちに慕われ、ベテランからも一目置かれる彼に、私も惹かれ、確信した。彼が捕鯨のいまを描く上で欠かせぬひとりになるだろうと。

だが、翌年の解剖デッキに彼の姿はなかった。捕鯨船を降りてほかの仕事に就いたと聞いた。彼のいない解剖の風景を前に、離職率が高く、入れ替わりが激しい職場だと改めて実感したのである。

クジラに戦く一八歳

入れ替わりの激しい職場で残った若者が、リーダーの矢部や折口であり、大包丁の富田隆博だった。解剖の大包丁は矢部と富田のほかに三人いる。うち二人が見習いだ。

そのなかでもっとも若い平井誠太朗は、二〇二二年の時点で乗船八年目になる二六歳だった。解剖の見習い大包丁になったばかりの彼は、矢部の技術を必死に学び取ろうとしていた。

第三勇新丸の砲手・平井智也と同姓だが、血縁はない。混同を避けるために、見習い大包丁

解剖デッキで大包丁を手にする若手の平井誠太朗(撮影:津田憲二)

の平井を誠太朗と表記したい。

解剖デッキに出ると私は、決まって誠太朗に声をかけた。

二〇二二年一〇月末のある日、彼はクジラの背側で大包丁を振るっていた。

身体に芯が入ったように安定感がある矢部に比べ、その動きはぎこちない。刃がうまく入らないのか、恐る恐る刃が入りそうな箇所を探るようにして包丁を動かしていた。

やっと刃が入ると誠太朗は腰を入れて、クジラの黒い皮と白い脂肪層を引き裂いた。赤い背肉が露わになり、白い湯気が立つ。

クジラの体温は人間よりも若干低い三五度から三六度ほどだという。早朝の時点で外気温は一四度。クジラから立ち上る湯気が、秋の深まりを感じさせた。

「大包丁を持って四カ月になります。体力面はようやく慣れましたけど、技術面はまだまだ……。最初なんてずっと筋肉痛でした」

誠太朗は、袖で額の汗を拭うと刃に砥石を当てながら話した。息を切らせつつも笑顔だった。憧れの仕事の第一歩を踏み出した。そのうれしさが伝わってくるようだった。

なんだ、こいつは……。

はじめて日新丸に乗り込んだ新人製造部員・誠太朗はあまりのクジラの大きさにあっけにとられた。しかし彼はまだ驚きのとば口に立ったばかりだった。

一八歳は再び唖然とする。ニタリクジラの周囲に、巨大な包丁を手にした矢部たちが集まってきた。彼らは、一時間足らずで、巨大なクジラを解剖し、頭骨と背骨だけを残して、見事にさばいてしまったからだ。

理屈ではなかった。クジラのあまりの大きさに目を疑い、そのクジラを解剖する男たちに驚いた。一八歳は戦き、同時に憧れを抱く。

翌年の正月、南極海を航海中の日新丸で成人式が開かれた。成人式では新成人が抱負を表明する。誠太朗はサロンに居並ぶ先輩たちを前に宣言した。

「大包丁を持ちたいです」

それ以外に語るべき言葉が思いつかなかった。

寡黙なリーダー

念願叶って見習いとして、解剖の大包丁をわたされるまでそれから六年を要した。

どうやったらクジラの分厚い皮を切れるのか。包丁の切れ味をよくするにはどう研げばいいのか……。見習い時代に矢部が頭を悩ませた壁に、誠太朗もまたぶち当たっていた。

誠太朗には、矢部や富田らは軽く切り裂いているように見える。それなのに自分の包丁は、クジラの皮に入っていかない。皮だけではなく、背骨から赤肉を剝がす作業にも手こずった。切れないから力任せになる。

理屈はわかる。だが、理屈が理解できたとしても、実践できるかは別の話だ。

「包丁でクジラを思い切りガンガン叩いているような感じになってしまって」

そんな誠太朗を見かねた矢部が、「そこじゃない、ここだ」と包丁の刃先でクジラに触れる。誠太朗が苦戦していた肉があっさりと骨から剝がれ落ちた。

当初は不思議だったが、はじめて大包丁を手にして四カ月が過ぎて航海が終盤にさしかかった頃、違いがおぼろげにわかってきた。

「〝骨を突く〟って言うんですけど、関節の間に刃が入るポイントがあるんですね。やっとそういうことなのか、ってわかってきました」

矢部は、言葉で仲間や後輩を率いる能弁なタイプのリーダーではない。使い古された言葉で表現するなら、背中で語るタイプといえるだろう。

折口も矢部を「親分肌」と評していた。

妻の矢部美保もこう証言する。

「主人は昔から〝やんちゃさん〟だったんですよ。八方美人なタイプでもないのに、中学時代

解剖にもそれぞれの役割がある

から常に周りに人がいました。イヤなことはイヤとはっきり言うタイプなのに、年下の子にも慕われるし、年上の先輩にもかわいがられる。だから捕鯨船でリーダーをまかせられたと聞いたときは、意外とは感じませんでした。昔と変わらないなと」

背中で語るタイプの寡黙なリーダー。人によっては古くさく感じるかもしれない。

しかし日新丸船団で一八一日の航海を経験した私は、船という特殊な環境にマッチしたリーダー像なのではないかと感じるようになった。

職住一体の船内では船員同士が互いの性格やキャラクターを知り尽くしている。

すべてが可視化される環境では、ひとつの言葉よりも、日々の取り組みこそが説得力を持つ。その積み重ねが人を惹きつける求心力となるのだろう。

操業前の解剖デッキに、ひとりで水をまく矢部の姿を見たのは、一度や二度ではない。誠太朗の目に映る矢部の姿勢が、ひとつのリーダー像を示していた。

「まだぜんぜんうまくできないけど、矢部さんの包丁を見ながら勉強しているんです。単純に包丁の切れ味からして、まったく違いますからね。大包丁の技術もそうだし、仕事すべて。絶対に手を抜かないところとか。いまは少しでも矢部さんに近づきたい」

いかに解剖の技術を継承していくか。

矢部の危惧は杞憂（きゆう）だったのではないかと感じた。矢部が若き日に憧れた技術が、彼自身の手により、次の世代へ受けわたされる現場に立ち合った気がしたからである。

船団長の阿部はこう話していた。

「捕鯨という産業は、調査捕鯨という形で延命させてもらいました。南極海での商業捕鯨再開という望む形ではなかったけれど、昔からつながる技術や心意気が伝えられた。その点で調査捕鯨には大きな意味があったとは思います」

阿部の言う通り、昭和の商業捕鯨で確立した技術は、平成の調査捕鯨で、次の世代に確かに託された。日新丸船団は、捕鯨に必要な技術を守る方舟（はこぶね）の役割を果たしたのである。

けれども、令和の商業捕鯨への移行で、また新たな問題も生まれていた。

収入が減った

三度目の乗船は、私にとって船員たちとの再会の機会だった。

通信長の津田憲二や砲手の平井、製造部のリーダーとなった矢部や折口らが商業捕鯨の現場を支える姿に喜びを感じる反面、どうしようもない寂しさも覚えていた。

これからの捕鯨を牽引していくはずだ、と私が勝手に想像していた船員の何人かが船から降りていたからだ。

商業捕鯨初年度の二〇一九年は一七〇人の乗組員のうち三七人が船を降りた。実に二一・七%。約五人にひとり以上が退職したのである。例年の倍近い人数だった。

そのうちのひとりは調査捕鯨時代に、「将来、てっぽうさんになりたい」と屈託なく夢を話してくれた高校を卒業したばかりの青年だった。彼とは陸でも何度か会った経験があった。

なぜ、船を降りたのか。メールで尋ねると返信があった。

彼は〈理由はいくつかあります〉と、箇条書きで記してくれた。

〈商業捕鯨になったからといって鯨肉の流通に期待が持てない〉〈将来的に国の補助金がなくなれば捕鯨は存続できないのではないか〉などの不安が挙げられていたが、もっとも大きな要因だと感じられたのが、〈商業捕鯨になってからの収入の減少〉だった。

それがいかに深刻か。商業捕鯨への移行にともなって、大きく変わった船員たちのライフサイクルを知れば、推し量れるのではないか。

調査捕鯨時代、船員たちは夏の三カ月と、冬の四カ月から五カ月の航海に加えて、整備や修繕などをふくめると一〇カ月近くを船で過ごす年も少なくなかった。彼らには基本給とともに、長期間の乗船手当のほか、資格、キャリア、役職などに応じた給与が支払われていた。

調査時代、高卒の新人船員が南極海を五カ月間、航海した給与で新車を買ったと聞いた。それだけまとまった金銭を手にできたのである。

船団長の阿部は、調査と商業の違いを冗談めかした。

「いまは南極海がなくなったから、冬場の半年間は仕事がない。その分収入も減る。個人的な話でいえば、もっと稼げって、かみさんに怒られるようになりましたよ」

家族を持つ船員や、資格を持たない船員、若手にとっては収入の減少は切実な問題だ。通信長の津田は、船を降りた仲間をおもんぱかった。

「南極というはるか彼方に行くことで、手厚い手当をもらえました。四カ月から五カ月と、期間も長かった。それが一気になくなってしまったわけだから、人によっては数百万円単位で収入が減るわけですよ。しかもＩＷＣ脱退は、突然だった。現場の我々も想像していなかったわけだから。南極の収入をあてに生活設計をしていた人はキツい。我々からすると残ってほしかった、降りてもらっては困るという人材も辞めてしまった。でも、誰も彼らの選択を責めることはできないと思うんです」

こうした事態を憂慮し、共同船舶は商業捕鯨に移行後は副業を解禁した。

操業がない冬、船員たちは地元の土建屋でアルバイトをしたり、共同船舶の斡旋などでほかの漁船に乗ったり、養殖場で働いたりする。

二〇代の若手船員はこんなふうに笑っていた。

「六月から一一月まで日新丸に乗って一二月の一カ月間は休んで、一月から五月は知り合いの解体屋とか飲み屋を手伝うんです。正直、船の仕事ってキツいから、乗っている間は今度船を降りたら辞めてやろうって考えているんですけど……。ほかの仕事をしているうちに、船の仕事の大変さを忘れちゃって、また乗っているっていう。商業捕鯨になってからの四年間はその繰り返しですね」

捕鯨に夢ややりがいを持っている船員だけではない。やる気があったとしても先立つものがなければ生きていけない。

津田が、収入の減少によって「残ってほしかった、降りてもらっては困るという人材も辞めてしまった」と話したように、今後、収入の減少が技術の継承の障壁になるかもしれない。

電波長

技術を継承する上で、課題になるだろうと考えられるもうひとつの変化が、船団の体制である。

調査時代は日新丸を母船とし、三隻のキャッチャーボートが探鯨や捕獲を行った。商業捕鯨になり、コストを削るためにキャッチャーボートは第三勇新丸一隻になった。

三隻体制の時代は、各船にライバル意識があった。自分たちの船がもっとも早く、そしてたくさんのクジラを見つけ、捕獲しようと情熱を燃やした。競争意識が船員たちの技術を上げ、船内の士気や仕事への意識を高めたのである。

一隻体制になった令和の商業捕鯨では、競争相手の不在だけでなく、若い船員が経験を積む機会が減ってしまうという問題が生じている。

二〇二二年にキャプテンとして第三勇新丸を指揮した大越親正は、こんな懸念を語った。

「若い人たちが技術を覚えても、次にキャッチャーボートに乗るまで時間が空いてしまう。せっかく覚えた仕事を忘れてしまうのではないかと心配しているんです」

キャッチャーボートが三隻から一隻に減れば、探鯨や捕獲を経験する機会が単純に三分の一になる。調査捕鯨時代の終盤は夏と冬で合計六〇〇頭弱のクジラを捕獲したが、商業捕鯨移行後は、二一二頭に減った。捕獲数も三分の一程度に減少しているのだ。

私が乗船した第三勇新丸には、キャプテンの大越以下、砲手、通信長、航海士兼見習い砲手が二人、機関部員が四人、司厨部員が二人、甲板部員が六人の総勢一七人が乗り込んでいた。甲板部の六人のうち、二人が水産高校を卒業したばかりの若手である。

若手船員のひとりが、二年目の小西広登(こにしひろと)だ。ひょろりとした色黒の青年である。

操業が終わり、デッキに出ると決まって彼はスマホを熱心にいじっていた。

日新丸では船内Ｗｉ－Ｆｉが設置されており、ラインなどのやりとりはできる。ただしデータ通信容量が少ない上に、一〇〇人近くの船員がいるために通信速度は極めて遅い。

余談だが、十数年前の日新丸に船内Ｗｉ－Ｆｉはなかった。陸と連絡を取るには有料の衛星電話を使うしかない。五カ月間の南極海の調査で、毎日欠かさず彼女と話して、八〇万円以上を使ったと何食わぬ顔で豪語した高校を卒業したばかりの船員もいた。長期の航海は金銭感覚を狂わせてしまうのか。

第三勇新丸にＷｉ－Ｆｉ設備が導入されたのは、私が乗船した翌年の二〇二三年。それまでは陸と連絡を取るとすれば、通信長にお願いして衛星電話を使わせてもらうしかなかった。だが、商業捕鯨は日本の二〇〇海里内で行われる。北海道が見える海域での操業も少なくない。そんなときは微弱な電波が届き、通信や通話が可能になる。

小西は毎日、仕事が終わるとデッキで電波が入るポイントを探していた。

ある日、私がスマホを持ってデッキに出ると小西もいた。彼と話すのははじめてだった。二〇〇二年生まれの彼が、なぜ捕鯨という仕事を選んだのか尋ねた。

「水産高校の先生の紹介で入ったんですが……」と彼はため息をついて実感を込めた。

「長い航海はマジ辛いですねぇ」

話はそこで途切れてしまったので、スマホが使えそうか聞いてみた。

「つながりますよ。陸がぼんやりとでも見えればだいたいつながります。でも四〇マイルが限界ですが……。キャリアはどこですか？」

私が使っているスマホのキャリアはａｕだ。小西はよどみなく続けた。

「海なら、ドコモ、ａｕ、ソフトバンクの順でつながります。もしもつながらないようなら、機内モードのオンオフを繰り返してみてください。電波が入りますから」

教わった通りに操作すると、本当に電波が立った。

「地形を見て船がどのあたりにいるかわかれば、電波が入るか入らないか、だいたいわかります。前に『電波が入ります』と、船内放送でアナウンスしたんですよ。それから〝電波長〟と呼ばれるようになって」

以来、彼は〝電波長〟として船内で一目置かれるようになる。

もうひとりは、今航ではじめての捕獲を経験した。

入社二年目の小西は、小西の二年先輩となる四年目の若手だ。二年目に捕獲を経験したものの、三年目は南極海の目視調査に従事し、四年目も第三勇新丸に乗船の予定はなかった。しかし欠員が出た影響で急遽、補充された。彼にとって、捕獲に一年間のブランクがあったわけだが、もし欠員が出なければ、ブランクは二年に延びていたのだ。

二人の娘の父である五三歳の大越にとって、水産高校を卒業して船に乗る新人は、子どもと同世代である。

「私たちの世代は二〇人から三〇人新入社員がいましたが、いま残っている同期は三人だけです。ずっと来る者は拒まず、去る者は追わずでやってきて、これからもそうなんでしょうけど。いまは少子化で若者の数自体が減っているし、船に乗りたいと希望する人も少なくなった。最近の新入社員は一〇人以下ですからね。そんななかでどうやって、若い人たちに捕鯨にかかわる機会を与えて、経験を積んでもらうか。捕獲では火薬を使うから危険をともないます。クジラが暴れて綱が切れたら、人の手足なんてすぐに飛んでしまう。危険な現場ですからね」

安全を確保しながら、少ない機会のなかで、いかにクジラを捕る技術をつないでいくか。現場を指揮するキャプテンの切実な悩みだった。

やる気のあるヤツでやればいい

クジラをたくさん見つけ、そのなかからより脂が乗ったクジラを捕獲する。それだけを考えれば、探鯨の能力に秀でた経験豊富な船員を乗せた方が商業捕鯨の理にかなっている。けれども、それでは次世代への探鯨や捕獲の技術の継承が滞ってしまう。

また、理想的には、捕鯨の意義を理解し、やる気のある若者を採用して大包丁に育成できればいいのだろう。けれど、そんな稀有な人材はどこにいるのだろうか。

いまいる人材を大切に育てつつ、いかに成果をあげるか。どんな組織も多かれ少なかれ直面する難題に違いない。

共同船舶では、入社年次や実績に応じ、船内の序列が変化する。甲板部員なら、新人や若手は「甲板員」、数年を経て実績を積めば「甲板手」になる。彼らを「ボースン（甲板長）」がたばねるという仕組みである。

船団でもっとも大所帯の製造部員は五三人いる。彼らの場合も新人が「製造員」、年次を重ねると「製造手」になり、その上に「サブリーダー」「リーダー」「製造長」というピラミッド構造だ。

「いまは年功序列になっちゃっているんですよ。それがよくないなと。とくにキャッチャーは捕ってなんぼでしょう。みんなに均等に機会を与えるのではなく、本当にやる気のあるヤツだけでやればいいとオレは思うんですよね」

そう語ったのが、第三勇新丸の一等航海士兼見習い砲手・大向力である。一九八四年生まれの大向は入社二〇年目。岩手県久慈市出身で、子どもの頃から巻き網漁に憧れた。優しそうな細面の彼は裏表がないストレートな物言いをする。目指す砲手像はどんなものか。答えがいかにも漁師に憧れた大向らしい。

「砲手って漁船でいえば、船頭なんですよ。決定権もあるけれど、責任も取らなくちゃいけない。船頭は捕ってなんぼです。砲手は結果が命なので、誰かを目指すんじゃなくて、周りを気にせずに目の前の一頭に集中する。そういう砲手がいいですね」

彼によれば、最近は航海中にもかかわらず「辞めようかな」「どうせ船を降りるから、もう仕事を覚えなくてもいい」と実際に口に出す若手もいるという。

「我々の世代では、必要とされない人はキャッチャーには乗れないという雰囲気があったんです。キャッチャーに乗るにはクジラを見るしかない。みんなが団結して、クジラを追いかけて仕留める——そんな体験、ほかの仕事じゃ味わえないですからね。その面白さを味わうために、オレたちはやれることを必死でやった。会社がいいクジラを捕りたいって言うのなら、キャッチャーに乗せるヤツを選んだ方がいい。やる気がないヤツと一緒に船に乗っても、仕事がつまらないですから」

大包丁の矢部も、酒を飲んだときに世代間ギャップについて憂えていた。

「山川さんが前に乗ったのって、十何年か前でしたよね。あの頃、毎晩、誰かの部屋でみんな飲んでいたでしょう。でも、いまはそんな感じじゃない。飲みはじめたばかりなら馬鹿話もできるけど、毎日毎日、見てるモノ、経験したモノが一緒じゃないですか。一時間、二時間も飲めば、どうしても仕事の話になっちゃうから。骨に肉を残すなとか、なんでお前の包丁は切れないんだとか。仕事が終わっても仕事の話をされちゃ若い連中はイヤでしょう?」

実際、二〇二二年に乗船してすぐに私は雰囲気の変化に気がついていた。

風呂場で一緒になった二〇代前半の製造部員が、「夜は動画を観てることが多いですね。陸にいるときに大量にダウンロードするんですよ。みんなで飲むよりも部屋でビールを飲みながら動画を観てる方が気楽ですね」と話していたのだ。

操業後に船室をのぞくとゲームをしたり、パソコンでアニメを見たりする若い船員は少なくなかった。寂しくもあったが、時代が変わったのだろう。

「いまの子は捕鯨をやりたいって目的意識を持つヤツと、ただクジラや捕鯨を見てみたいって興味本位のヤツに分かれる気がしますね。興味本位でもいいんですよ。もしかしたら、本気になって仕事が好きになるかもしれないから。でもね……。学校の社会科見学じゃないんだから、乗ったら一生懸命に稼げよ、って思っちゃうんですよね」

矢部が漏らした世代間ギャップもまた捕鯨船に限った話ではないのかもしれない。

陸上でもプライバシーが大切にされる時代である。乗船時に緊急時の避難方法とともに、パワハラ研修を受けるのは時代の趨勢なのだろう。

矢部の言うように、以前はリーダーの部屋に若い船員たちが集まって、包丁の研ぎ方や大包丁の扱い方、捕鯨という仕事について遅い時間まで語り合っていた。彼らの会話を聞くのが何より楽しかった。

捕鯨船も時代や社会と無関係ではいられない。それはわかっていたつもりだったが、かつての熱い空気が懐かしかった。

十数年前、青年たちが発した情熱が、船内を満たして捕鯨に必要な技術や、チームワークを醸成しているように感じたのだ。

青春の熱気に魅了され、私は三度も日新丸に乗船したのかもしれなかった。

一四　青春の日新丸

新造母船

晴天の山口県下関市長府港町には強い風が吹いていた。沖縄の南の海上を進む台風一一号の影響だった。ふ頭に波がぶつかり、白い水しぶきを上げている。

この岸壁に工場をかまえる旭洋造船で、新たな捕鯨母船が建造されていた。

関鯨丸――。それが、日新丸に代わる新捕鯨母船に付けられた船名だ。

濃いブルーの鮮やかな船体が晴天に映えていた。丸味を帯びた日新丸に比べると全体的に角張った印象を受ける。

全長一一二・六メートル、総トン数約九二九九トン。一〇〇人の船員の個室を備える。航続距離は約一万三〇〇〇キロ。南極海へ航海できる仕様になっている。

二〇二三年八月三一日午前九時過ぎ。旭洋造船の新造船建造ドックで進水式が開かれた。完成間近の関鯨丸と陸をつなぐ支綱が切られ、花火が打ち上げられた。

共同船舶社長の所英樹に新母船建設の計画を聞いたのは二〇二二年のことだった。商業捕鯨を再開して四年目を迎えたが、先行きは不透明だった。

そんな状況での新母船建造は果たして可能なのか。正直にいえば、話題づくりのために、できもしない計画をぶち上げたのではないかと訝しんだ。

過去の挫折を知っていたのも大きかった。母船新造計画は二〇〇〇年代半ばにも進んでいた。しかし、財閥系グループの造船メーカーに発注する直前、グループ本体から横槍が入り、反捕鯨団体や国際世論に配慮し、建造は取りやめになってしまう。

共同船舶は商業捕鯨に移行してから経営を立て直しつつあった。商業捕鯨移行初年度に七億一五〇〇万円にも膨らんだ赤字を、所は翌二〇二〇年度に二七〇〇万円にまで圧縮する。それでも赤字経営には変わりない。また先に触れたように商業捕鯨移行初年度と二年目は、「実証事業支援」という名目で国から年一三億円の補助を受けたが、三年目に打ち切りが決まっていた。

そんな赤字企業に、巨額を投じた新造船の建設ができるのか。仮にできたとして、投資に見合った利益をえられる見込みがあるのか。私でなくても疑問に思うのではないか。水産庁が以前、非公開の検討会で、新母船の建造費用が一〇〇億円から一五〇億円になるという試算を出していたからなおさらだ。だが、所は本気だった。

社長就任後、所が新母船建造の費用について改めて調べると、試算の半額程度の六〇億円から七〇億円でも可能だとわかった。けれど、私には、一〇〇億円が六〇億円に減額されたとしても現実味は感じられなかった。

「確かに現状の一五五〇トンから一六五〇トンの生産を続けていく限りは赤字になってしまい

ます」

そう語った所は、「では、どうするか」と自問するかのように続けた。

「二〇二四年度までに、新たに捕獲する鯨種を追加などして、生産量を（二〇二二年度の一六五〇トンから）二二二〇トンにまで増やすよう水産庁に交渉しています。その上で、キロ単価一三〇〇円にまで上げれば、約二八億円の売り上げが見込めます。コストをギリギリに削ると、年間約二〇億円で操業できる。そうすれば、毎年八億円の黒字が出る計算になる。そのなかから約五億円を新母船建造費の返済にあてれば、十数年で完済できる。こうした計画のもと、補助金に頼らずに、民間企業として一日も早く自立できるようにしたい」

現実に、共同船舶は二〇二二年度に二億円の黒字化を達成する。二〇二三年度はアイスランドから鯨肉を輸入した倉庫代などのコストがかかったものの、一億円の黒字を実現した。

プロモーションして値段を上げる。

生産ラインを見直し、コストダウンする。

そして鯨肉の品質を上げる。

所の指揮で共同船舶の社員がこの三つに愚直に取り組んだ結果、黒字化を達成できたのだ。

そして二〇二四年六月、水産庁は新たにナガスクジラの捕獲枠を設けて、年間五九頭の捕獲を許可すると公表した。所が描いた青写真通りの決定だ。

ナガスクジラ捕獲許可の一報を知った私の裡には、懸念がよぎった。

第二章で詳述したが、第二次の南極海調査捕鯨では、ナガスクジラの捕獲がシーシェパードの激しい抗議活動につながる一因となったからだ。今回、ナガスクジラの捕獲の可否を検討した新・海洋生態系捕鯨検討委員会では、反捕鯨国からの反発を不安視する声も聞かれたという。

実際、七月二一日には、シーシェパードの創設者、ポール・ワトソンがグリーンランドで逮捕された。関鯨丸の操業を妨害するために、日本に向かう途中だったらしい。ナガスクジラの捕獲許可が、ポール・ワトソンを再び刺激した可能性は考えられた。

社長就任当初から、所が生産量を増やすために捕獲できる鯨種を増やすよう水産庁に働きかけていたのは知っていた。現状の捕獲枠のままでは新母船建造どころか、商業捕鯨の継続すら難しかったからだ。所は言う。

「調査捕鯨から商業捕鯨に変わり、捕鯨業界にたずさわってきた人たちは不安を抱きました。長年、鯨肉を扱ってきた料理屋さんや加工屋さん、市場で働く人たち、そして共同船舶の社員やその家族たち……。新しい捕鯨母船が、捕鯨にたずさわる人たちに向けて『我々は、これからも捕鯨を続けていく。だからあきらめずに一緒にがんばっていこう』というメッセージになると考えているのです。そのためにも、命をかけてでも新母船を建造する」

従来のニタリクジラ、イワシクジラに加え、ナガスクジラも捕獲できれば、所のプラン通り年間二二二〇トンの生産が可能かもしれない。

しかし、だ。

思い出したいのが「過度な投資をするな」という鯨類学者・粕谷俊雄の提言である。約七五億円の関鯨丸の建造は明らかに「過度な投資」だろう。

次の捕獲枠の見直しは、二〇二五年。もしも捕獲枠の削減が決まれば、所の青写真は、〝捕らぬクジラの皮算用〟になってしまいかねない。

共同船舶は自立しつつある。が、まだ予断を許さない。

相手は、クジラという野生動物だ。捕獲枠削減や環境の変化によって計画が狂えば、粕谷が強調した、乱獲という「悲しい失敗」の轍を踏む危険性もある。

その危惧を率直に所にぶつけてみた。

「我々は改訂管理方式をもとに、一〇〇年間捕り続けてもクジラが減らない、持続的な捕鯨を掲げて操業をしています。改訂管理方式によって算出された頭数以上を捕獲することはありえません。もしも捕獲枠の削減が決まったとしたら……。たとえば、国と交渉し、二〇〇海里外での操業の可能性を探るなどして、捕鯨を続ける道を模索するしかない」

ＩＷＣの科学委員会でも認められた改訂管理方式に従っていれば、資源量を減らさずに捕鯨を続けられる……。所は、そうした前提を疑っていないように感じられた。

だが、ときに誰にも予知できないような変化をもたらすのが、自然環境である。資源量の減少にともなう捕獲枠の削減という不測の事態に、いかに備えるか。その準備が、捕鯨の未来を考える上で、重要なのかもしれない。

三五歳の捕鯨母船

所が新母船建設にこだわった理由は日新丸の老朽化である。修繕費用だけで一年間に約七億円もかかり、共同船舶の経営を圧迫していたのだ。

二〇二三年一一月四日、私は下関の「あるかぽーと岸壁」に足を運んだ。最後の航海を終えて帰港する日新丸を出迎えるためだ。

午前一〇時前、彼方に日新丸の船影が見えた。やがて船体を視認できる位置までゆっくりと近づいてきた。数多の信号旗や国旗を掲げ、満船飾（まんせんしょく）に彩られた日新丸は、しかし傷みが隠しきれなかった。あちこちにサビが浮き、黒い塗装も潮風にさらされ、グレーや白に変色した箇所もあった。

日新丸の船齢は、三五歳。船の寿命は一般的に二〇年と言われる。すでに限界を優に超えていた。現に、関鯨丸の進水式の一週間前には冷凍設備が故障し、船員総出で修理、復旧にあたっていた。

日新丸は数奇な運命をたどった船だ。そもそも日新丸は、別の名の船だった。捕鯨を目的につくられた船でもなかった。

日新丸は、一九八七年にアメリカ近海での操業を目的とした大型トロール船「筑前丸（ちくぜんまる）」として誕生した。けれど、アメリカの漁業政策転換によって、漁獲割り当てがなくなり、筑前丸は行き場を失ってしまう。誕生から四年後、筑前丸は、捕鯨母船へと大改造を施され、「日新丸」と改名し、生まれ変わる。

以来、調査捕鯨に従事し、南極海と北西太平洋で航海を繰り返した。一九九八年と二〇〇七年には、火災事故を経験する。犠牲者も出した。南極海でシーシェパードやグリーンピースからの妨害活動にも耐えてきた。

日新丸は、平成の調査捕鯨と令和の商業捕鯨のはじまりを、文字通り船体（からだ）を張って支えてきた捕鯨母船だった。船体に刻まれたいくつもの傷や凹みが、平成から令和へと捕鯨をつないだ日新丸の航跡のように見えた。

日新丸を迎える人々のなかに懐かしい顔を見つけた。日新丸の機関部員だった石田雅照（まさてる）である。実家が下関の古刹（こさつ）・国分寺で、「和尚」というあだ名で呼ばれていた元船員だ。

十数年前、私は捕鯨の未来を背負うであろう同世代の乗組員のひとりとして、石田にインタビューし、酒を飲んだ。彼は、地球上でもっとも大きな野生動物を捕る漁師たちの仲間になりたい――そんな一心で捕鯨船に乗り込んだと語った。

「ぼくらが行った調査にＩＷＣが納得して、商業捕鯨を再開することが目的でしたからね。こういう形で、商業捕鯨がはじまるとは、想像していませんでしたね」

捕鯨船を降りた彼は、母校でもある下関の水産大学校で教鞭を執っている。

自身も商業捕鯨を経験したかったのではないか。石田はそんな質問に対して「まぁ……」と言葉をにごして苦笑いした。

「いまは、大学で漁業としての捕鯨の魅力や意義を学生に伝えています。実際に捕鯨を経験したぼくにしか、できない役割があるのではないかと考えているんです。もちろん日新丸にも捕鯨にも、強い愛着がある。青春時代をキャッチャーボートと日新丸で過ごし、入社八年目に陸上勤務になり、老朽化した日新丸の延命工事を担当しました。二〇〇一年に入社してから一三年間で、捕鯨技術の結晶を見せてもらうことができましたから……」

石田は日新丸の延命工事を見届けてから捕鯨とともに学生時代からの憧れのひとつだった研究職に転身する。

石田がたずさわった工事により、日新丸は命を長らえ、その任をまっとうした。彼は、職場でもあり、住まいでもあった日新丸をしみじみと眺めていた。

日新丸の乗員は約一〇〇人。捕鯨母船としての三二年間で、いったい幾人が日新丸に乗船したのだろうか。石田に邂逅し、私自身も日新丸に乗り込んだひとりとして思ったのだ。かかわりの長短、濃淡はあれど、乗船したひとりひとりに、それぞれの物語があったのだ、と。

家以上の家

「オレは一九歳、ちょうど二〇歳になる年に日新丸に乗って、いま四一歳でしょう。オレにとって日新丸は青春なんですよ」

長崎駅構内の居酒屋で、製造部のリーダー折口圭輔は感慨深げに語った。

二〇〇七年、二〇〇八年、二〇二二年。私は航海のたび、彼にインタビューした。

桜が満開の二〇二四年四月上旬。私は日新丸への思いを聞こうと、長崎市に暮らす折口を訪ねた。以前、折口が冗談めかしつつ日新丸を「自分の家以上に、家」と称していたからだ。その言い回しに、日新丸への人一倍の愛着を感じたのである。折口は言う。

「成人式も日新丸だし、子どもが生まれたときも日新丸に乗っていましたから、もう家みたいなもんなんです。息子や娘と過ごした時間よりも日新丸にいた方が長いですから。だって調査時代は一年のうち一〇カ月を日新丸で過ごした計算になるでしょう。だから二〇年で二〇〇カ月か」

折口は「やっぱり長いな」と独りごちて、鯨肉の漬けを口に運んだ。

「このクジラ、うまいっすね。メチャクチャいい感じです。味付けもいい。うん。やっぱりこれくらいに仕上げてもらわないと」

江戸時代に捕鯨で栄えて鯨食が根付いた長崎らしく、手頃な値段のクジラ料理がメニューに並ぶ。輸入品や沿岸で捕獲されたクジラでなければ、折口たちが日新丸で加工した鯨肉だろう。

「山川さん、最後の出港前に因島（広島県尾道市）に見送りにきてくれたでしょう。そこで『最後の航海は特別な感じですか』って質問してくれましたよね。そのときは、寂しいという感情も、これで終わりか、という思いもなかったんですよ。関鯨丸のことで頭がいっぱいでしたから」

折口は日新丸が最後の航海を終え、下関の「あるかぽーと岸壁」に帰港すると、すぐに関鯨丸の生産設備搬入に立ち合って設置する仕事にたずさわった。鯨肉を運ぶローラーコンベアの乗り継ぎを確認したり、電気工事士の資格を活かして電線をつないだりした。

そうした作業は、折口に日新丸の歴史や、かつて船に乗った先人たちの努力や苦労を想起させる時間でもあった。

「関鯨丸の工事を経験させてもらって、日新丸ってスゴい船だったんだなと改めて思いました。

もともとはトロール船だった日新丸を先輩たちが工夫して改良に改良を重ねてくれた。動線も機器の配置も本当によく考えられている。スゴい知恵が詰まった船だったんですよ」

一〇年ほど前、折口は日新丸の生産ラインの改良工事を経験した。テーブルの位置やコンベアの並びなどを改善した。それはあくまでも以前の生産ラインをベースにした工事だった。だが、関鯨丸では、ゼロからつくり上げなければならない。しかも七三年ぶりに新造された捕鯨母船だ。ノウハウを持つ人はいない。

「どこから手をつけていいかわからなかった。てんやわんやですよ。正直、いまも頭が痛い。きっと操業中もトラブルは起こると思うんです。でも、海の上では業者さんやメーカーさんを呼んで修理してもらうわけにはいきませんから。自分たちで直せるようにしないといけない。そのあたりもいま勉強しているんです」

多くの船員が不安を口にしていたが、折口は前を向く。

「ここまできたら、腹を括ってやるしかない。オレはそこまでネガティブには考えていません。しかも新造母船なんて、誰でも経験できることじゃないですから」

捕鯨母船・関鯨丸の新造は、令和の商業捕鯨のひとつの象徴といえるだろう。

妨害活動が激しかった頃に、折口が口にした懸念が記憶に残っていた。長男が生まれて父親になったばかりの彼は、将来、子どもが父親の仕事である捕鯨に負い目を感じてしまうのではないか、シーシェパードやグリーンピースの考え方に賛同する人に息子が「クジラを捕っちゃダメなんだよ」と言われたらどうしようか、と不安を口にしていたのである。

35年にわたって稼働した捕鯨母船・日新丸(撮影:津田憲二、提供:日本鯨類研究所)

「時代は変わりましたね」と折口は笑った。

「商業捕鯨じゃないですか。補助金をもらわずに企業として自立しているわけだから、堂々とクジラを捕っていると言えます。いまあの頃生まれた長男が高校生になって寮生活をしているんですよ。寮では月に一度、スピーチをする時間があるらしいんです。この前、息子がクジラの話をしたと言っていました。調査じゃなくて、商売になったんで、自分の仕事に胸を張れるようになりましたね」

商業捕鯨になって意識がどう変化したのか。何度目かの質問を折口に改めて投げかけた。

「昔は捕鯨がヤバい、終わるかもしれないという話になったら、いち早く船を降りて次の仕事を探したと思うんです。でも、いまは、それはないかな。今年で四一歳だからあと二〇年近く働ける。もしも捕鯨が終わるんだったら、現場で最後を見届けたい。寂しいじゃないですか。受け継いできた仕事が、自分たちで終わってしまうのは」

それは、日新丸での青春の日々に、裏打ちされた言葉だった。

アイスランドを驚かせた技術

折口には「日新丸での二〇年が報われた」と感じた瞬間があった。

それは二〇二二年七月上旬のことである。

夜、折口を乗せた航空機は、アイスランドのケプラヴィーク国際空港に着陸した。首都レイキャヴィークのホテルに一泊した折口は、翌朝、自動車で北のフィヨルドへと向かった。

荒野のなかを、一本のアスファルト道路だけが通っていた。車窓から丈の低い草が茂る荒野で、羊が草を食んでいるのが見えた。

アイスランド唯一の捕鯨基地は、広々とした草原の先にあった。

アイスランドは日本とノルウェー同様、商業捕鯨を行う国である。主にナガスクジラを捕獲する。二〇一九年にアイスランドは需要の減少や国際的な反対により商業捕鯨を中止したが、二〇二二年に再開し、近海で一四八頭を捕獲した。

折口がアイスランドに招かれた理由は、パン立ての技術指導だった。二年間の中止期間中に職人の技術が落ちていたからだ。

基地に到着した折口は、捕鯨会社の日本人共同経営者にパン立て場に案内された。

アイスランド行きに際し、彼はあることを心に決めていた。

通訳はいたが、専門的で細かな技術を口で説明するのは難しいだろう。けれど、お互い捕鯨という同じ仕事を続けた現場の人間だ。きっと技術を見せれば、受け入れられるはずだ。一発かましたろうと。

アイスランドの関係者や、職人を前にしての実演である。

もしも失敗して、たいしたことないじゃないかと思われたら……。想像すると緊張した。自分だけではなく、日新丸船団の技術が侮(あなど)られる気がしたからだ。

アイスランドの捕鯨基地で折口は、日新丸船団を、そして日本の捕鯨を、確かに背負っていた。

目の前に置かれたパンは、以前飽きるほど使った一五キロ用。彼は日新丸のパン立て場で二〇年間続けてきたように、鯨肉の塊から五キロの長方形のブロックを三本、切り出してパンに詰めた。デジタル表示はぴたり一五キロ。

瞬間、「おぉー!」と職人たちから感嘆と驚きが漏れた。

技術が、言語や理屈を越えた一瞬だった。

捕鯨という同じ仕事を続ける仲間がこんなに遠い島国にもおったんやな……。感極まった折口の目から涙がこぼれかけた。

「オリ、オリ」

折口はアイスランドの職人から、引っ切りなしに質問責めにあった。意欲がある若い職人が多かった。片言の英語しか話せない折口は自ら包丁を扱って見せながら、「トライ、トライ」と試すように促した。気になる箇所が見つかれば、身振り手振りで伝えた。

折口は観光旅行で韓国に足を延ばした以外、海外を旅した経験はなかった。にもかかわらず、約一カ月、地の果てのようなフィヨルドに建つ捕鯨基地と宿舎を往復し、観光もせずに鯨肉と若い職人と向き合った。こんなところにまで来て、オレはクジラを切っているんだな……。そんな思いを抱きつつも折口は実感した。

オレって、この仕事がとことん好きなんだな、と。

「オレが日新丸で尾肉のパン立てをしても、誰も褒めてくれません。それは当然なんですよ。だって、自分の仕事なんだから。だからアイスランドの〝ひとパン〟はたぶん、一生忘れないと思います」

そして折口は、「日新丸での二〇年間……いえ」と語り直した。

「四〇年の人生が、はじめて報われた気がしたんです」

アイスランドから帰国後、折口は日新丸で二度の航海をした。

彼が日新丸を最後に見たのは、二〇二三年一二月のことだった。

すでに日新丸は、北九州市の解体業者に引き渡されていた。関鯨丸に運ぶ予定の備品を下ろし忘れた折口は、業者に連絡して、解体直前の日新丸に入れてもらったのである。

ちょうど昼休みで、誰も外にはいなかった。あたりは静まりかえり、物音ひとつしない。

日新丸との別れ。折口の心に実感がじわりと迫った。

折口は因島で日新丸に乗り込むことが多かった。いつもバス停からタクシーに乗りかえ、日新丸を修繕するドックに向かう。やがて日新丸が見えてくる。

あぁ、また日新丸に乗るんだな……。航海がイヤだったわけではないが、因島に係留する日新丸が視界に入るたび、諦念のような感情が芽生えたのだ。

「もう自分の家以上に、家でしたから。日新丸に乗るのが日常みたいな感じで……。あの日常はもう終わりなんだなと思ったんです」

折口はスマホの画面を差し出した。そこには、陸に揚げられた日新丸が写されていた。船室や、機材が下ろされてガランとしたパン立て場の写真もあった。

「ふだんは絶対に写真なんか撮らないんだけど、この日はつい撮っちゃったんですよね」

いままで日新丸の写真を撮っていなかったというのが、意外に思えた。なんで撮影しなかったのかと聞くと、「え?」と折口はきょとんとした顔をしたあとに笑った。

「だって、自分の家の写真をバシャバシャ撮る人なんていないでしょう。でも、この日はなぜか撮っちゃったんですよ」

日新丸とはこれで最後なのか……。

二〇〇カ月――六〇〇〇日近くも過ごした日新丸との別れを折口はようやく自覚した。

数日前、私も解体作業中の日新丸を見学した。巨大なブレードを装着した重機によって日新丸の両舷が切り取られ、解体が進んで三分の二ほどの大きさになっていた。

「それは見たくないな……」と折口は漏らした。

「もう見には行かないと思います。最後にかっこいい姿を見られてよかったので。日新丸はシャープで本当にかっこよかった……」

同意を求めるように折口は繰り返した。

「かっこよかったですよね」

護りながら捕る

晴天に、深いブルーの船体が映えていた。

若い船員たちが、見送りにきた家族と別れの言葉を交わす。

二〇二四年五月二五日午前九時。東京・有明西ふ頭公園岸壁。

「感無量ですね」

命をかけるとまで語り、建造にこぎ着けた念願の関鯨丸を前に、所は話した。

「七三年ぶりの新母船ですからね。すべてがうまくいくはずがない。それを前提に覚悟してやってくれ、と建造中からみんなに伝えています。みんなで一度、地獄を見よう、と。あとは、ケガなく、事故なく、たくさんのクジラを捕ってきてほしい。そこだけですね」

通信長の津田の妻・玲も三人の子どもをつれて見送りにきていた。

「新しい船ですからね。きっと大変でしょうけど、無事に帰ってきてほしいです」

自身も航海士だった彼女の言葉には、実感が込められている。

私にとっては、十八年にわたって続けてきた捕鯨取材が、ひとつの区切りを迎えようとしていた。

取材開始当初からいままで、捕鯨容認というスタンスは変わっていない。だからといって、

新造された捕鯨母船・関鯨丸（撮影：惠原祐二）

何がなんでも捕鯨を続けるべきだとは考えていない。捕鯨は日本文化だから守るべきだという主張は詭弁だとも感じている。

国際世論の批判にさらされながらも、捕鯨を続ける意味があるのか。国益に反するのではないか。調査捕鯨では、国内でもそうした意見をたびたび耳にした。

もしも鯨肉の需要がさらに減少し、共同船舶が倒産するならそれは、母船式捕鯨というひとつの産業の終焉を意味する。必要がない産業は滅び、また別の産業が誕生する。それは、歴史上、幾度も繰り返されてきた興亡である。私自身は、それは仕方がないと考えている。

調査捕鯨終盤から現在にかけて、国から年間五一億円もの大金が捕鯨対策費として投じられた。令和の商業捕鯨には支出されていないとはいえ、調査時代に支払ったコストに見合ったリターンがえられたとは言い難い。国の支援で生き延びた捕鯨を、自立した産業といえるのか。そんな批判もあるだろう。

三二年にわたった調査捕鯨は新たな「知」を掘り起こし、「技」を維持する役割を果たした。そして、いまも現実に捕鯨は続いている。

捕鯨からの撤退は、南極海や北西太平洋で蓄積した「知」と、船員たちが受け継いだ「技」、そしてこれまでかけてきた莫大なコストの放棄にほかならない。

私の立場を述べるとすれば、生息海域や鯨種ごとに調査をした上で、資源や生態系にダメージを与えないよう慎重に捕獲していくべき、という至極穏当な結論に落ち着く。それが、損切りせずに三二年にわたり支払い続けたコストを活かす唯一の道なのではないか。

持続可能な捕鯨が可能だと思うのは、真摯な姿勢で研究に取り組んだ大隅たち科学者や、生真面目に調査を続けた船員たちの姿を知ったからだ。彼らがクジラを再び絶滅の危機に追い込むような捕鯨に加担するとはどうしても思えない。

日本の捕鯨の特異性は、調査をとことんまで行って、資源量や生態を把握しようとしてきた歴史にある。

示唆的なのは、二〇二二年の航海のときに第三勇新丸で、キャプテンの大越や砲手の平井らから聞いた捕鯨観である。

三二年の調査が、新たな商業捕鯨に何をもたらすのか。

下関市の水産大学校を卒業した大越は、捕鯨にたずさわった動機を、「資源量を把握しながら捕るという調査捕鯨に将来性を感じた」と振り返った。
「確かに、我々はずっと国から補助金をいただきながら、調査を続けてきました。当然、調査なんだから儲かるなんてありえない。それでも調査を続けたのは、捕鯨という産業に必要とされる技術と、南極海でクジラを捕る権利を維持するためです。日本の調査捕鯨は、資源管理型漁業の先端をいけるはずだ、と。その趣旨に私は賛同できたから、三〇年以上も調査捕鯨を続けてこられたんです。そしていま、調査捕鯨から商業捕鯨に変わりましたが、捕鯨の本質は変わりません。私たちの仕事は、おいしく食べてもらえる鯨肉を日本に届けること。調査であろうが、商業であろうが、私にとって捕鯨は漁業です。資源量を把握し、可能な数のクジラを捕る。その点では、絶滅が危ぶまれるほどクジラを捕りつくした戦後の商業捕鯨とはまったく違うんです」

平井も「理想論かもしれませんが」と前置きし、同様の考えを示した。
「商業捕鯨だからといって、資源管理の必要がなくなったわけではありません。逆に重要性はより増していると思います。大きなクジラを捕るだけが目指すべき商業捕鯨ではないのではないか。商業になったからこそ、資源管理をきちんと続けて、自然環境やクジラの生態を改めて考えるべきだと思うんです。ぼくらの根っこには調査捕鯨があるわけですから」

若い頃、平井は違和感を覚える機会が少なくなかったという。昭和の商業捕鯨時代を知るベテランから「昔は金が儲かった」と聞かされた。そのたびに、平井は何かが違うと思った。しかし彼らは、平井たちに捕鯨の技術を、クジラについての知識を熱心に教えてくれた。金のためだけに捕鯨を続けた人とは思えないほどの熱意と誇りを持っていた。

昭和の商業捕鯨を経験したベテランは、よくも悪くも漁師だったのだろう。捕った分だけ給与に反映される捕鯨を経験した。捕鯨への情熱と金儲けが、違和感なく同居した世代といえるかもしれない。

クジラを絶滅の危機に追い込んだ世代を知るからこそ、平井は商業捕鯨のあり方を人一倍危惧する。

「企業だから金儲けを優先するのは仕方ない。ただし、金儲けばかりを考えて生産性や効率性、経費の削減ばかりに意識がいってしまったら、戦後の商業捕鯨のようにクジラを減らしてしまうんじゃないか。それだけは絶対に避けなければならない」

護りながら捕る。

捕鯨には、一見矛盾する二つを両立できる可能性がある。それは、長年調査を行った日本の捕鯨だけが持つ価値なのかもしれない。

捕鯨の価値に具体的に踏み込んでくれたのが、船団長の阿部だった。

「調査捕鯨で、モニタリングして捕り過ぎないようにすれば、クジラ資源は減らないと証明できた。ほかの漁業は、網で捕るにしても、釣るにしても、狙った獲物が捕れるとは限らない。でも、捕鯨は違います。ニタリ（クジラ）一〇頭といわれれば、その通りに捕れる。クジラは哺乳類だから環境の変化にも強い。一頭一頭を選んで捕獲できるから、管理しやすい資源であり、生き物なんです。しかも人間が手をかけなくてもクジラはあれだけ大きく育つ。だから、いざというとき――」

いったん言葉を切った阿部は「たとえば」と続けた。

「食料難がきたときに、クジラという選択肢は残しておいた方がいいと感じます」

彼らの言葉に脈打つのは、大隅の遺志だった。

大隅は南極海捕鯨に、人類の食料難を解決するという、目先の経済効果だけでは計れない壮大なビジョンを抱いていた。大隅が示したスケールの大きな夢が、私が捕鯨を追ってきた原動力のひとつとなった。

大隅が南極海のクジラにこだわったのは、人類の福祉に役立てるという夢の実現のためだった。しかし、大隅の夢が実現するにしても、まだ時間がかかるだろう。

私は、捕鯨が日本の食料自給率の低下や、危惧された食料難を解決する唯一の特効薬になりうるとは考えていない。

それでも万が一の事態に陥った場合、危機を回避したり、ダメージを和らげたりする選択肢のひとつになりうるのではないか。

不確かで先が見えない時代を生き延びるには、より多くの選択肢を持つことが重要だ。それは、個人でも組織でも社会でも同じではないか。

いくつもの選択肢のひとつとして、捕鯨を捉え直す時期なのではないかと思うのだ。

敵をつくれ

令和の商業捕鯨に対して、私が抱く危惧は議論の場の喪失だ。

いつしかＩＷＣは、科学的な議論が無力化され、政治の場と化してしまった。結果、日本の脱退という結末を迎え、令和の商業捕鯨が幕を開ける。だが、いま捕鯨について議論できる場があるのだろうか。

ＩＷＣ総会が政治の場だったとしても、科学委員会では議論が尽くされていたはずだ。議論を尽くして、落とし所を探っていく。研究や調査が正当に行われているか、不正やごまかしがないか、互いにチェックし合い確認する機会でもあったはずだ。

それは、集団が合意を形成する上で不可欠なプロセスだ。捕鯨という枠組みを越え、民主主義のあるべき姿だったのではないか。

議論の喪失は何をもたらすのか。

不正や隠蔽、そして独善である。

この十数年、まともな議論すら行われず、不正や隠蔽が横行する政治の現場を、我々は目前にしてきた。

乱獲が行われた昭和の商業捕鯨の「悲しい失敗」もそうだった。組織は、自らの利益や保身のために真実を覆い隠そうと躍起になった。

その反省に立った捕鯨業者や研究者は、議論の根拠とすべき調査を行って、誠実に言葉を尽くしてきたのではなかったか。

「敵をつくれ」

だから、私には粕谷の提言が響いたのだ。異なる考えを持ち、意見を戦わせる相手こそが、粕谷の言う敵である。

ＩＷＣの歴史は、関係者には苦い記憶として刻まれているかもしれない。

それでも科学委員会での議論に、学ぶべき点は多い。

捕獲する数や種類、操業海域は適切なのか。捕鯨の継続は妥当なのか否か。意見をぶつけ合って妥協点を見い出していく。その作業こそ、クジラ資源を、もっといえば、捕鯨という産業を守る上で重要だったのではないか。

私は粕谷に会って、日本の捕鯨の行く末の議論を可視化させる仕組みの構築が急務なのではないかと考えるようになった。

クジラ資源をめぐる議論は専門的な上、複雑で難解だ。だからこそ、たくさんの人が理解できる言葉で議論し、是非を判断できる仕組みが必要になる。

「令和に行われる商業捕鯨は本当に過ちを繰り返さないのか。これから持続可能な漁業としてやっていけるのか、たくさんの人が信じ切れていないかもしれません。だから関心を持ってもらうことが重要なんじゃないかと思うんです。本当に過ちを繰り返さないのか、産業として持続可能なのか、関心を持って見てもらう。ぼくらは捕鯨という仕事を知ってもらった人たちを裏切ることは絶対にできませんから」

いつだったか、令和の商業捕鯨のあるべき姿を語ってくれた津田が、玲と三人の子どもたちに手を振り、関鯨丸のタラップを上っていく。

新たな船出

出港が迫っていた。

二〇〇七年。二〇〇八年。二〇二二年。

私は三度、日新丸に乗り込んだ。合計一八一日間を船団とともに過ごした。結果的に本書に記録した二〇二二年の航海が、私にとって日新丸との最後の旅となった。

この日から、日新丸がになってきた役割は、関鯨丸へと引き継がれる。

タグボートに引かれた関鯨丸が、ゆっくりと離岸した。

「がんばれよ!」

「気をつけて!」

見送りに集まった五〇人ほどが大きく両手を振った。

デッキに集まる船員たちも手を振って、別れを惜しんだ。

これから、関鯨丸はクジラを追って三陸沖へと向かう。

阿部は、船団長として、きっと捕獲頭数や気候変動に頭を悩ませるのだろう。

津田はメガネ越しに海を見つめ続けるに違いない。

矢部は真新しいデッキで、若い世代を見守りながら大包丁を振るうはずだ。

藤本は新たなクジラ料理の考案や新母船になってからの鯨肉の保管方法について考えをめぐらせるのだろう。

アイスランドの職人を驚かせた折口の技術は、関鯨丸という新たな場に移ってからも必要とされるはずだ……。

彼らは捕鯨という仕事を生業にする。

その仕事は、いくつもの特殊な技術の積み重ねで成り立っていた。

出港する関鯨丸に津田の家族が手を振った
（撮影：恵原祐二）

それぞれの職分をまっとうするからこそ、いまなお捕鯨が続く。

人間ひとりの力には限界がある。限界があるからこそ、他者と共働する。仲間が集まり、専門知や特技を持ち寄れば、不可能と思えるハードルも乗り越えられる。

捕鯨という仕事が持つ魅力に気付けたのは、商業捕鯨再開を機に彼らとの再会を果たせたからだ。

私は、神々しいほどの存在感を放つ巨大な野生動物を追う男たちに、仕事の原風景を、人間同士のかかわり方の理想像を見ていたのかもしれない。

初航海の意気込みを示すように、関鯨丸の長い汽笛が岸壁に届いた。

大隅は新母船の船出をどんな思いで見守っているだろうか。

捕鯨という仕事にはじめてたずさわる新人の家族が、誇らしさと心配が入り交じった表情で遠ざかる関鯨丸を見つめている。

日新丸の引退により、いくつもの青春が終わりを迎えた。

だが、季節はめぐる。

群青に塗装された関鯨丸の汽笛が、新たな春の訪れを告げるように響いていた。

おわりに

二〇二四年八月上旬、北海道沖を航海する関鯨丸の通信長・津田憲二からラインメッセージが届いた。

〈こちらは変わらず元気にやっています。55トン級のナガスは困難もありましたけど、矢部曰く「ナガス経験のないメンバーでこれだけやれれば上出来でしょ」の言葉通り本当に事故も怪我もなくやれたことは本当に大きな一歩だったと思います〉

津田は、ナガスクジラの初漁について触れていた。

関鯨丸船団が、岩手沖でナガスクジラを捕獲したのは八月一日のことである。体長二〇メートル、体重は五五トンのオス。五五トンといえば、イワシクジラの二倍近く。いったいどれほどの大きさだろうか。

津田が送ってくれた短いメッセージから、大包丁たちが苦戦しながらも、ナガスクジラを解剖する光景が浮かび上がった。

南極海の調査捕鯨で、ナガスクジラを最後に捕獲したのは二〇一一年度。矢部基が見習いから大包丁へと昇格した時期である。彼もナガスクジラの解剖の経験がなかったのかもしれない。

イワシクジラなら一時間半ほどで終わる解剖が七時間近くかかったらしい。

「ナガス経験のないメンバーでこれだけやれれば上出来でしょ」

津田が伝えてくれた矢部の言葉は、ぶっきらぼうでありながらもひたむきにクジラと対峙する彼の姿を思い起こさせた。日新丸から関鯨丸へと現場が変わっても、昔気質で、背中で語る親分肌の彼らしさは変わらないのだろう。

商業捕鯨の再開、そして関鯨丸の初航海と、ナガスクジラの初漁——。それらは、日本の捕鯨が、新たなフェーズに突入した事実を、雄弁に物語っていた。


私は調査捕鯨の終わりから、商業捕鯨再開にかけての日本の捕鯨の過渡期に、取材者として、思いがけずに立ち合う幸運に恵まれた。

取材開始から数えると、本書の完成までに一八年の歳月を要した。

多くの人たちの協力なくして、本書は完成しなかった。

二〇〇七年四月、私は水産庁を訪ねた。日新丸船団への乗船取材の交渉をするためだ。しかし実現は難しいと思っていた。反捕鯨団体の抗議が活発化しつつあった。加えて二カ月前の二月一五日に、南極海で日新丸が火災事故を起こして、船員がひとり亡くなっていたからだ。

資源管理部遠洋課捕鯨班の班長だった諸貫秀樹(もろぬきひでき)さんは、調査捕鯨を取材したいという二九歳のフリーライターにこう切り出した。

「二月の事故では、残念ながら若い船員が命を落としました。しかも年々、反捕鯨団体の抗議運動や、捕鯨に対する国際世論も厳しくなってきています」

やはり難しいか。そう思った矢先、予想を裏切る展開が待っていた。諸貫さんは続けた。

「だからこそ、こちらとしても乗っていただければ、と考えているんです。いま若い船員たちは、自分たちの仕事に自信を持てないような状況に置かれてしまっています。もしも同世代の記者さんが彼らの声を肯定的に受け止めてくれるなら、彼ら自身が捕鯨の価値や、自分たちの仕事の意味を再確認する機会になるのではないかと思っているんです」

それは捕鯨というテーマを越え、私にフリーライターという仕事の意味について考えるきっかけになった言葉だった。


フリーランスとしての生き方を考えさせられた出会いもあった。

はじめて日新丸に乗り込む前だから、これも二〇〇七年春だったと記憶している。

自宅アパートに戻ると固定電話の留守番メッセージのランプが点滅していた。メッセージを吹き込んでくれたのは、『鯨の海・男の海』を撮影した写真家の市原基さんだった。

『鯨の海・男の海』は、第三勇新丸の砲手・平井智也を捕鯨の道へと誘（いざな）った写真集である。捕鯨を取材しはじめて以来、私は市原さんにお世話になっていた。ボタンを押すと市原さんの野太い声が再生された。

「山川、フリーランスにとって、本は墓標みたいなものだ。これから墓標を建てるつもりで取材して、本を書け……」

フリーランスにとって、書籍は名刺代わり。そんな言葉はたびたび耳にしていた。だが、書籍を墓標にたとえるとは……。墓標を建てるのは、一生に一度。書籍には、それくらい気持ちを込めなければならないという意味だろう。

当時、市原さんは五九歳。三〇歳も年下の駆け出しの私は、フリーランスの大先輩の言葉を胸に刻んで、日新丸に乗り込んだ。

はじめての航海で、私は忘れられない出会いと別れを体験した。

出港からちょうど一カ月が過ぎた二〇〇七年八月上旬。私はひとりの船員の死に直面した。亡くなったのは、私の三歳年上で、当時三三歳の赤城政典（あかぎまさのり）さんだった。

実は赤城さんは、はじめて日新丸で会話を交わした船員だった。増築を繰り返した日新丸の居住区は複雑だ。乗船初日、私は船室にたどり着けずに、うろうろするハメになる。

「誰かを探しているんですか」と声をかけてくれたのが赤城さんだった。彼は船室まで案内して、「また何かわからないことがあったら声をかけてください」と笑顔を見せた。

日新丸の船員に知り合いはひとりもいない。彼の存在と、その一言に勇気づけられた。

「最初は大変だったよ」

私を酒席に誘ってくれた彼は言った。

「オレは三〇過ぎの中途入社だし、水産高校を出たわけでも、船の仕事をしていたわけでもないから、『なんでこんな使えないヤツが乗っているんだ』っていう、みんなの目がキツかった。

でも一航海終えて、二回目に日新丸に乗ったら、仲間として迎えられた気がしたよ」

キャッチャーボートの取材から日新丸に戻った日も彼は「お帰りなさい。また一杯やりましょう」と真っ先に声をかけてくれた。

そんな彼が、作業用エレベーターの事故で亡くなってしまったのである。

事故から三日後、日新丸は釧路港に帰港した。

タラップを降りると船員たちは一列に整列した。遺体が収められた棺がクレーンに吊されて船内から運び出される。一〇人ほどの若い船員が丁寧な手つきで棺を受け止めて、白い布を敷いた地面にそっと置いた。

その後、調査は再開され、私は予定通り四五日間の取材を終えた。

下船後、しばらくしてインターネットで事故について書き込まれていると知った。亡くなった船員は反捕鯨団体の工作員だった。捕鯨船では人の命をなんとも思っていない……。荒唐無稽で無責任な言葉が連なっていた。

許せなかった。突然、命を絶たれた赤城さんがどんなに無念だったか。船員たちがどんな気持ちで仲間の死を受け止めたのか。

若い乗組員たちの思いを、捕鯨のいまを、記録しなければ……。それができるのは、現場を見せてもらった自分だけだ――あの日の決意を、ようやく形にし、フリーライターとしての役割をやっと果たせた気がしている。

ご登場いただいた方々以外にも、たくさんの人たちに背中を押されて、本書が誕生した。日新丸船団の船員たち、戦後の商業捕鯨を経験した老クジラ捕り、共同船舶の陸上社員、鯨類学者、日本鯨類研究所の調査員、太地や鮎川、和田浦での沿岸捕鯨従事者、各地のクジラ料理屋や鯨肉の加工屋で働く人たち……。一八年でインタビューした人の数はのべ二〇〇人に迫る。

すべての方々の名はとても書き切れないが、ご協力いただいた、そしてご迷惑をおかけしたすべての方々に感謝したい。

とくに二〇〇七年と二〇〇八年の北西太平洋の調査捕鯨、二〇二二年の商業捕鯨で、お世話になった船員たちには、この場を借りて、改めてお礼を伝えたい。

調査時代の取材では、日本鯨類研究所の理事長・藤瀬良弘さんにお世話になった。捕鯨を続ける船員たちの応援になれば、と市原さんと妻のみどりさんには貴重な写真を快くお貸しいただいた。

日本鯨類研究所の久場朋子さん、共同船舶の武田慎太郎さん、菱田岳史さん、三平梢さん、日本捕鯨協会の久保好さんには事あるごとに力になっていただいた。

日新丸の名を引き継ぐクジラ料理屋である山口県下関市の「下関鯨屋日新丸」を営む藤フーズ社長の青木光海さんには下関とクジラのかかわりを教えていただいた。

また、下関くじら館の店長である小島純子さんと、二〇二二年の航海で船医をつとめた医師の杉村敏秀先生の応援が取材を続ける励みになった。

一橋大学大学院教授の赤嶺淳先生には、捕鯨とは何か、たびたびご教示いただいた。

大隅清治先生の半生を通じて、日本の捕鯨史をたどれないか。拙著『カルピスをつくった男三島海雲』の担当編集者だった小学館の柏原航輔さんとの会話が本書の原形となるアイディアとなった。その後、取材のサポート、編集を引き継いでくれたのが、間宮恭平さんである。

一八年の取材をどのように結実させるのか。迷走する私にとっての羅針盤が、彼だった。間宮さんの存在がなければ、本書は完成しなかった。

本書が、平成の調査捕鯨の終わりと、令和の商業捕鯨のはじまりを支えた人たちの紙碑となれば、幸いである。

二〇二四年八月二一日　山川徹

捕鯨関連年表

一六〇六年　現在の和歌山県太地町で「鯨組」による組織的な捕鯨がはじまる
一七一二年　アメリカでアメリカ式捕鯨がスタート
一八六八年　ノルウェーで捕鯨砲を用いたノルウェー式捕鯨が確立
一八七八年　太地で捕鯨者一一五人が亡くなる「大背美流れ」が発生
一九〇四年　ノルウェーが南極海へ進出する
一九〇六年　現在の宮城県石巻市鮎川に捕鯨基地が完成し、日本でも近代捕鯨がはじまる
一九三四年　日本が南極海での母船式捕鯨に参入
一九四一年　第二次世界大戦の影響で、日本は母船式捕鯨を中断する

昭和の商業捕鯨

一九四四年　シロナガス換算、オリンピック方式が採用される
一九四六年　国際捕鯨取締条約が締結される。日本が南極海での捕鯨を再開する
一九四八年　国際捕鯨委員会（ＩＷＣ）設立
一九五一年　日本がＩＷＣに加盟
一九五九年　オリンピック方式が廃止される
一九六三年　南極海のザトウクジラが捕獲禁止。イギリスが捕鯨をやめる
一九六四年　南極海のシロナガスクジラが捕獲禁止

一九七二年　国連人間環境会議で「商業捕鯨一〇年間モラトリアム」の勧告が出される。シロナガス換算が廃止。南極海捕鯨からノルウェーが撤退

一九七六年　南極海のナガスクジラ捕獲禁止。日本共同捕鯨設立

一九七八年　南極海のイワシクジラ捕獲禁止

一九八二年　イングランドのブライトンで開催された第三四回ＩＷＣ総会で「商業捕鯨モラトリアム」が採択。日本が異議申し立てをする

一九八六年　日本が「商業捕鯨モラトリアム」の異議申し立てを撤回

平成の調査捕鯨

一九八七年　日本共同捕鯨を解散し、共同船舶が発足する。日本は南極海での商業捕鯨を中止し、調査捕鯨をはじめる

一九八八年　日本は沿岸でのミンククジラとマッコウクジラの捕獲を中止

一九九〇年　ＩＷＣが南極海のクロミンククジラの数を七六万頭と認める

一九九二年　アイスランドがＩＷＣを脱退。アイスランド、ノルウェー、グリーンランド、フェロー諸島によって、北大西洋海産哺乳動物委員会（ＮＡＭＭＣＯ）が設立。ＩＷＣで改訂管理方式（ＲＭＰ）が完成する

一九九三年　ノルウェーが商業捕鯨を再開

一九九四年　ＩＷＣ総会で、南極海をクジラのサンクチュアリとする案が採択される。日本が北西太平洋でミンククジラの調査捕鯨をスタート

一九九八年　南極海での調査中、日新丸で火災事故が発生する

二〇〇〇年　日本が北西太平洋の調査捕鯨にニタリクジラとマッコウクジラを追加

二〇〇二年　日本が北西太平洋の調査捕鯨にイワシクジラを追加。ノルウェーが鯨肉輸出を再開

二〇〇五年　日本が南極海の調査捕鯨にナガスクジラを追加

二〇〇六年　アイスランドがナガスクジラとミンククジラを対象に商業捕鯨を再開

二〇〇七年　シーシェパードが、南極海で日本の調査船団に対する妨害活動をスタート。南極海での調査中、日新丸で火災事故が発生

二〇〇八年　南極海でシーシェパードのメンバー二人が第二勇新丸に侵入

二〇一〇年　オーストラリアが日本の調査捕鯨中止を止めて、国際司法裁判所に提訴。南極海でシーシェパードのアディ・ギル号が調査船団の第二昭南丸と衝突事故を起こす。太地で行われるイルカの追い込み漁を批判した映画『ザ・コーヴ』、日本で公開

二〇一二年　シーシェパードを創設したポール・ワトソンに対し、国際刑事警察機構（ＩＣＰＯ）が各国に身柄拘束を要請する国際指名手配（赤手配）を実施する

二〇一四年　国際司法裁判所は日本が行う第二次南極海鯨類資源捕獲調査の特別許可発給を差し止める判決を下す

二〇一八年　日本政府はＩＷＣからの脱退を通告し、二〇一九年からの商業捕鯨再開を表明

令和の商業捕鯨

二〇一九年　日本の二〇〇海里内でミンククジラとニタリクジラ、イワシクジラを対象に商業捕鯨が再開される。大隅清治、逝去

二〇二二年　下関市場で生のイワシクジラの尾の身が一キロあたり五〇万円の値を付ける

二〇二三年　日新丸、最後の航海。下関市場で生のイワシクジラの尾の身が一キロあたり八〇万円の値を付ける

二〇二四年　新捕鯨母船・関鯨丸完成。日本の商業捕鯨でナガスクジラの捕獲がスタート。シーシェパードの創設者ポール・ワトソンがグリーンランドで逮捕

主要参考文献

・赤嶺淳『鯨を生きる　鯨人の個人史・鯨食の同時代史』（吉川弘文館／二〇一七年）
・赤嶺淳編著『クジラのまち　太地を語る　移民、ゴンドウ、南氷洋』（英明企画編集／二〇二三年）
・石井敦編著『解体新書「捕鯨論争」』（新評論／二〇一一年）
・石井敦、真田康弘『クジラコンプレックス　捕鯨裁判の勝者はだれか』（東京書籍／二〇一五年）
・板橋守邦『南氷洋捕鯨史』（中央新書／一九八七年）
・市原基『鯨の海・男の海』（ぎょうせい／一九八六年）
・市原基『鯨を捕る』（偕成社／二〇〇六年）
・大隅清治『クジラと日本人』（岩波新書／二〇〇三年）
・大隅清治『クジラのはなし』（技報堂出版／一九九三年）
・大隅清治『クジラを追って半世紀　新捕鯨時代への提言』（成山堂書店／二〇〇八年）

・大隅清治監、笠松不二男、吉岡基、宮下富夫、本山賢司著『新版 鯨とイルカのフィールドガイド』（東京大学出版会／二〇〇九年）
・大隅清治先生を偲ぶ会『大隅清治先生を偲んで』（「大隅清治先生を偲ぶ会」事務局／二〇一九年）
・粕谷俊雄『イルカ 小型鯨類の保全生物学』（東京大学出版会／二〇一一年）
・粕谷俊雄『イルカと生きる』（東京大学出版会／二〇二四年）
・加藤秀弘『クジラ博士のフィールド戦記』（光文社新書／二〇一九年）
・河島基弘『神聖なる海獣 なぜ鯨が西洋で特別扱いされるのか』（ナカニシヤ出版／二〇一一年）
・川端裕人『クジラを捕って、考えた』（徳間文庫／二〇〇四年）
・熊野太地浦捕鯨史編纂委員会編『熊野の太地 鯨に挑む町』（平凡社／一九九〇年）
・近藤勲『日本沿岸捕鯨の興亡』（山洋社／二〇〇一年）
・佐々木正明『シー・シェパードの正体』（扶桑社新書／二〇一〇年）
・佐々木正明『「動物の権利」運動の正体』（ＰＨＰ新書／二〇二二年）
・佐々木芽生『おクジラさま ふたつの正義の物語』（集英社／二〇一七年）
・佐藤金勇『聞き書 南氷洋出稼ぎ捕鯨』（無明舎出版／一九九八年）
・津田憲二、藤本聡『捕鯨に生きる』（共同船舶／二〇二三年）
・寺山修司『花嫁化鳥』（角川文庫／一九八〇年）
・西脇昌治『鯨類・鰭脚類』（東京大学出版会／一九六五年）
・日本哺乳類学会編『レッドデータ 日本の哺乳類』（文一総合出版／一九九七年）
・星川淳『日本はなぜ世界で一番クジラを殺すのか』（幻冬舎新書／二〇〇七年）
・森下丈二『ＩＷＣ脱退と国際交渉』（成山堂書店／二〇一九年）

・森田勝昭『鯨と捕鯨の文化史』（名古屋大学出版会／一九九四年）
・山川徹『捕るか護るか？ クジラの問題』（技術評論社／二〇一〇年）
・ジョン・C・リリー『イルカと話す日』（NTT出版／一九九四年）
・ハーマン・メルヴィル『白鯨』（上、中、下）』（岩波文庫／二〇〇四年）
・ロジャー・ペイン『オデッセイ号航海記 クジラからのメッセージ』（角川学芸出版／二〇〇七年）
・C・W・ニコル『C・W・ニコルの海洋記 くじらと鯨捕りの詩』（実日新書／一九八七年）
・C・W・ニコル『鯨捕りよ、語れ！』（アートデイズ／二〇〇七年）

そのほか『鯨研通信』（日本鯨類研究所）や『国際海洋生物研究所報告』（国際海洋生物研究所）、『THE ART TIMES』（デラシネ通信社）、新聞各紙の記事などを参考にした

・文中敬称略。肩書きや年齢は取材当時のもの。
・特にクレジットの明記がない写真は著者撮影。
・調査捕鯨時代の写真は、指定鯨類科学調査法人／一般財団法人 日本鯨類研究所の使用許諾を受けています。
・本書は書き下ろし作品です。

写真　津田憲二（カバー、第一章・第三章扉）
市原　基（第二章扉）
ブックデザイン　鈴木成一デザイン室

山川徹 Toru Yamakawa

一九七七年、山形県生まれ。ノンフィクションライター。東北学院大学法学部卒業後、國學院大學二部文学部史学科に編入。二〇一〇年、北西太平洋の調査捕鯨を取材した『捕るか護るか？ クジラの問題』（技術評論社）を出版。二〇二〇年、『国境を越えたスクラム ラグビー日本代表になった外国人選手たち』（中央公論新社）で第三〇回ミズノスポーツライター賞最優秀賞を受賞。主な著作に『カルピスをつくった男 三島海雲』（小学館）、『最期の声 ドキュメント災害関連死』（KADOKAWA）などがある。

鯨鯢の鰓にかく 商業捕鯨再起への航跡

二〇二四年一〇月二日　初版第一刷発行

著者　山川徹
発行者　三井直也
発行所　株式会社 小学館
〒一〇一-八〇〇一 東京都千代田区一ツ橋二-三-一
電話 編集〇三-三二三〇-五九五五
販売〇三-五二八一-三五五五
DTP　ためのり企画
印刷所　萩原印刷株式会社
製本所　株式会社若林製本工場

ISBN978-4-09-389164-6